Zigzags Asiatiques

CINQ MOIS EN EXTRÊME-ORIENT

JOURNAL DE VOYAGE

EM. SAUTTER

TOULOUSE
Société d'Edition de Toulouse
25, RUE DES SALENQUES, 25

ZIGZAGS ASIATIQUES

EM. SAUTTER

Zigzags Asiatiques

CINQ MOIS EN EXTRÊME-ORIENT

JOURNAL DE VOYAGE

TOULOUSE
SOCIÉTÉ D'ÉDITION DE TOULOUSE
28, RUE DES SALENQUES, 28

A MON AMI J... DE P...

Ne soyez pas surpris, mon cher ami, si je mets vos initiales en tête de ces pages et ne m'en veuillez pas de vous dédier ce très modeste ouvrage, malgré son absence complète de valeur littéraire, et qui n'a d'autre mérite que d'être une narration fidèle, au jour le jour, de notre voyage de 5 mois en Extrême-Orient. Nous avons été d'inséparables compagnons de route. Nous n'avons, pour ainsi dire, rien vu, rien entendu, rien dit que d'un commun accord, et plus d'une fois les réflexions dont je fais part au lecteur sont vos réflexions aussi bien que les miennes. Mais ce qui reste surtout lumineux pour moi, dans ces souvenirs de voyage, c'est votre affection fraternelle qui ne s'est pas démentie un instant ; j'ai connu, grâce à vous, la joie intime de la communion du cœur dans la communion de la vie et de l'activité : merci de m'avoir procuré cette joie.

EM. S.

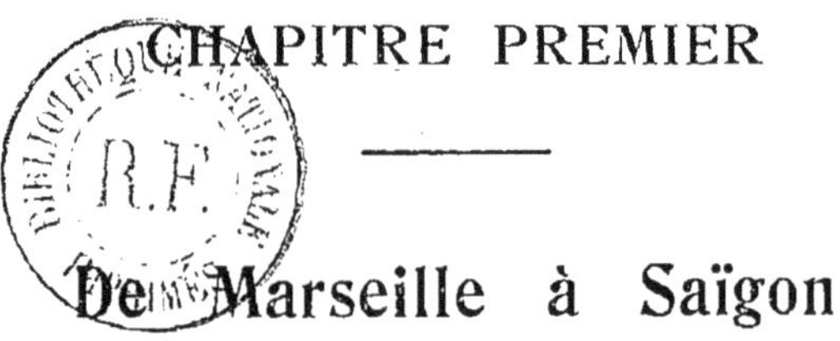

CHAPITRE PREMIER

De Marseille à Saïgon

3 Février.

Première page de ce journal de voyage, voyage dont je sens tout le privilège et la responsabilité. Je ne veux ni ne dois le poursuivre en égoïste et pour mon unique plaisir, mais pour les autres, pour ma famille qui me le laisse faire, alors que la chose leur coûte beaucoup et que la tristesse de la séparation n'est pas compensée, comme elle l'est pour moi, par l'attrait des choses nouvelles et des pays inconnus à découvrir; pour mes chères Unions chrétiennes auxquelles je dois mon temps et mes forces, et qui attendent de moi, en retour, une activité nouvelle accrue de tout ce que j'aurai vu et entendu.

Je pourrais me sentir bien au-dessous de ma tâche, si je n'avais la perception très nette et très réconfortante que j'ai été dirigé en toutes choses par Dieu et que les obstacles à ce voyage ont été si manifestement écartés que je fais bien Sa volonté en l'accomplissant.

Pour commencer, faux départ de Marseille. J'avais pris possession de ma cabine et congé des miens à 10 heures, lorsqu'on annonce que l'*Ernest Simons* ne partira qu'à 3 heures. Descente à terre ; déjeuner chez les excellents amis K..., pleins de prévenance et d'attention. Enfin, le courrier d'Angleterre, cause du retard, se décide à arriver. C'est le moment décisif. Une dernière et longue étreinte, me voici à bord et le majestueux paquebot s'ébranle. Il double la jetée sur laquelle des mouchoirs blancs s'agitent. Puis tout devient indistinct et s'efface ; nous sommes, en pleine mer, salués par un groupe d'excursionnistes revenant du Château d'If ; la vie à bord s'organise.

Pour commencer, aménagement de ma cabine ; elle est confortable et bien aérée. L'art consiste à utiliser le mieux possible la place exiguë dont on dispose et il importe de réaliser, avec une précision mathématique, le « chaque chose à sa place » et « une place pour chaque chose ». Ma chaise longue est installée tout à côté sur le pont.

Voici l'heure du thé copieux, agrémenté des confitures qui constituent, paraît-il, l'une des célébrités gastronomiques des bateaux des Messageries Maritimes. Puis, promenade sur le pont avec M. Bois ; mes compagnons de voyage commencent naturellement un bridge, qu'interrompent les premières affres du mal de mer. Je lis et relis les lettres reçues au départ et, en particulier, celles de mon cher septuor familial, septuor bien harmonieux et doux à entendre.

La cloche du dîner sonne, et après avoir revêtu le smoking obligé, je vais m'asseoir en face d'un H. Bois splendidement cravaté de blanc. Mais, hélas ! je dois m'arrêter devant d'appétissants rougets. Le cœur ne va plus et je prends le sage parti d'aller me coucher, suivant, en cela, l'exemple de la plupart de mes compagnons, affalés et gémissants au fond de leurs cabines. Le vent s'est levé et notre bateau commence à danser ; mais une fois dans ma confortable couchette, je n'en ai cure et c'est en d'excellentes dispositions que je me lève le lendemain matin après une nuit non moins excellente.

4 Février.

Au réveil, nous nous trouvons dans le détroit de Bonifacio ; côtes élevées, déchiquetées et absolument désertes. La mer se calme et les estomacs aussi ; j'avale de fort bon appétit mon english breakfast et je m'installe dans le salon de lecture à l'avant du bateau pour lire, écrire et méditer. Les larges fenêtres permettent de voir tout l'horizon.

A midi, on marque le point. Nous avons fait 264 milles, un peu plus de 13 nœuds à l'heure. C'est, paraît-il, bien marché. Nous devons arriver à Port-Saïd de jour. La journée se poursuit, sans incidents, à parcourir un nombre respectable de kilomètres en arpentant le pont. J'aborde un Japonais, dans l'espoir d'une conversation intéressante ; d'abord assez boutonné, il finit par s'animer un peu. Je lui parle du but de notre voyage, mais il paraît ignorer complètement les Unions Chrétiennes et le Congrès de Tokio. J'apprends seulement que l'instruction primaire est obligatoire au Japon et que tous les enfants riches et pauvres vont ensemble aux mêmes écoles publiques.

Je me couche de bonne heure, car on doit me réveiller à 5 h. 1/2, pour contempler, au passage, le Stromboli.

5 février.

A l'heure dite, le domestique de Mme de P... frappe à ma porte. Je me précipite sur le pont pour apercevoir dans la brume, à bâbord, une masse noire conique qui émerge de l'ombre et au sommet de laquelle une lueur rouge, que réfléchissent les nuages, indique l'activité du volcan ; la lave en fusion en descend sous forme d'une traînée rouge, semblable à un filet de sang. Tout s'efface bientôt, et je me replonge, gelé, dans mes couvertures.

Vers 10 heures du matin, tous les passagers se groupent à l'avant : on approche du détroit de Messine. Les côtes de Sicile et d'Italie sont couronnées de montagnes neigeuses. L'*Ernest-Simons* s'engage dans l'étroit passage. On voit distinctement sur les deux rives les villages et les maisons. Une barque chargée de pêcheurs siciliens acclame son grand frère. Nous croisons un bac à vapeur qui transporte, de Reggio à Messine, un train tout entier. La mer s'est subitement calmée : pas une ride ni un balancement ; on se croirait sur un lac, tandis que défile devant nos yeux cette admirable côte sicilienne qui me rappelle étrangement les bords du lac de Thoune, avec les montagnes descendant jusqu'à la mer et abritant dans leurs replis de nombreux villages. Au loin, dominant tout de sa masse imposante, le superbe Etna dont la neige prend, sous les rayons du soleil, des teintes éblouissantes. A nos pieds, la mer d'un bleu turquoise, frangée d'écume. C'est une magie de couleurs. Nous avons laissé derrière nous, arrêté par les montagnes, l'épais rideau des nuages. Sur nos têtes, le ciel est d'une pureté parfaite ; il nous semble déjà entrer dans l'Orient. Puis, nous nous approchons de la côte italienne aride et dénudée, où d'énormes lits de torrents à sec, qui descendent de la montagne, ressemblent à des fleuves de lave figée. Peu à peu, la côte remonte vers le Nord, et bientôt sur une mer redevenue bleu saphir, nous ne voyons plus que le ciel et l'eau. La monotonie calme et reposante du bord reprend ses droits. Nous faisons, avec notre nombreuse bande comprenant le Japonais, d'interminables parties de jeu marin. Conversation avec un ingénieur des chemins de fer chinois, qui, tout en sirotant son absinthe, me donne des renseignements fort intéressants sur Hankéou, l'énorme ville chinoise à 1.000 kilomètres de Shang-Haï, sur le fleuve jaune, et qui comprend une population, vivant exclusivement sur le fleuve, de plus de 2 millions 1/2 d'âmes.

6 février.

Journée monotone : arpentage régulier et systématique du pont en contournant les matelots occupés avec une persévérance inlassable à gratter, balayer, astiquer et dont l'activité incessante contraste singulièrement avec le « dolce farniente » des passagers. Au coucher du soleil, nous longeons les côtes de Crète : nouvelle magie de couleurs. Teintes violettes dans le bas, surmontées de l'éclatante blancheur des neiges, sous un ciel gris perle. La température est très douce, et je pense avec commisération à ceux qui grelottent dans la neige. Conversation avec le commandant du bord, qui ne me paraît pas porter précisément dans son cœur certain ancien ministre de la marine.

7 février.

Demain matin, nous serons à Port-Saïd, d'où branle-bas partiel : 30 passagers nous quittent et les malles énormes émergent des soutes. Des nuées de cartes postales s'écrivent. La mer est calme ; la température exquise ; les toilettes légères et les uniformes coloniaux apparaissent à l'heure du dîner. Les enfants — il y en a plusieurs à bord — jouent avec entrain. Je remarque en particulier un amour de baby souriant et qu'on promène dans sa petite voiture.

PORT-SAÏD. — *L'entrée du Canal de Suez*

8 février.

Il fait encore nuit lorsque nous apercevons au loin la ligne prosaïque des réverbères de *Port-Saïd,* précédée des feux rouges des balises qui marquent le chenal. A 6 heures, l'*Ernest-Simons* jette l'ancre à quelques mètres du quai bordé de maisons à l'européenne. En face de nous, une enseigne « Au Printemps ». La couleur locale apparaît bientôt sous forme d'un grouillement de barques chargées d'Arabes hurlant, coiffés du fez et réclamant tous l'honneur de vous conduire à terre moyennant un honnête backshisch. Bientôt aussi, les énormes chalands chargés de charbon viennent se ranger le long de notre bord pour remplir nos soutes de leur indispensable marchandise. Le transbordement est opéré par une nuée de fellahs, noirs comme leur marchandise, qu'ils portent sur leur tête dans des mannes de paille tressée, c'est une véritable fourmilière qu'on voit s'agiter à travers un rideau de poussière de charbon. Il faudra 6 heures pour enfourner ainsi par charges de 20 kilog. les 700 tonnes qui formeront la nourriture de notre minotaure jusqu'à Aden. Je débarque en compagnie de MM. B. E. et J. ; ma première rencontre avec la terre égyptienne se fait à la manière arabe, en m'étalant sur le sol, ce qui fait se tordre nos bateliers. Nous débutons naturellement par la poste, puis, déambulation dans les rues de la ville, toujours suivis d'Arabes assommants comme des moustiques, et cherchant à écouler au détriment de notre bourse leurs produits variés. L'un d'eux se place complaisamment devant l'objectif de mon vérascope et après, naturellement, réclame son backshisch ; c'est le photographe qui paie le client.

Visite à l'hôtel de la Compagnie du Canal de Suez, construction arabe de fort grand air. On sent que la puissante Compagnie est ici reine et maî-

PORT-SAÏD. — *Bâtiment de la Compagnie du Canal de Suez*

tresse. Nos pas nous conduisent ensuite dans la ville arabe ; oh ! mes amis ! quels parfums, quelle saleté ! Les buen-retiro sont la voie publique et les clients n'attendent pas même l'ombre propice ou la solitude pour en user. Vive la liberté ! J'aime à croire que l'éblouissant soleil d'Orient est un grand purificateur, mais les épidémies doivent pourtant être fréquentes et terribles. Les maisons sont infectes ; il en sort un nombre invraisemblable d'enfants ; chacun a son petit fez et sa robe bariolée, à moins qu'il ne présente un mignon petit postérieur que J... s'empresse de photographier. Des femmes passent, vêtues de noir, avec une sorte de morceau de bambou orné d'anneaux sur le nez pour maintenir le voile écarté à la hauteur des yeux. Dans une boutique, des Turcs fument gravement le narguilé et, sans dire un mot, se passent de bouche en bouche le bout d'ambre. Une pancarte portant « American School Mission » nous attire, et à travers une fenêtre grillée, nous voyons un maître d'école apprenant à lire à une nuée de bambins au minois éveillé. On nous tend à travers les barreaux un exemplaire du livre arabe. Nous échangeons quelques mots en Français avec ce digne pédagogue qui, armé d'un fouet, cherche, en tapant dans le tas de ses élèves, à calmer un peu leur turbulente ardeur. Plus loin, nous pénétrons dans le préau d'une école grecque. Ailleurs, j'indique la poste égyptienne à un Japonais. Le cosmopolitisme est complet. Port-Saïd, qui est comme la porte séparant l'Orient de l'Occident, appartient à tous les peuples.

Nous retrouvons notre paquebot dans un état de saleté indescriptible et le nettoyage transforme toute l'après-midi le pont en une petite mer intérieure.

A midi précis, la cloche sonne ; notre steamer s'ébranle et pénètre dans le canal, suivant à quelques centaines de mètres un navire autrichien et croisant un bateau japonais. A droite et à gauche, c'est l'infini des lagunes et des dunes ; l'œil ne s'arrête nulle part sur ce désert d'eau en attendant le désert de sable. Le temps est splendide et chaud. Le lever du soleil, émergeant de la mer, annoncé par des lueurs d'opale puis resplendissant soudain, a été ce matin un spectacle incomparable. Quand on n'a pas le privilège de connaître le Dieu de Jésus-Christ, je comprends qu'on adore le soleil.

Encore quelques traits intéressants à propos de Port-Saïd et du canal, avant d'aller plus loin. Du navire, avant le départ, nous suivons avec intérêt les ablutions et génuflexions d'un adorateur d'Allah, au bord de l'eau. Tourné vers La Mecque, entre deux barques, il commence par se laver soigneusement les jambes, puis étend devant lui une couverture sur laquelle il se tient debout, immobile comme une statue, le bras étendu ; ensuite, il s'agenouille trois fois, puis se prosterne le front sur la terre, se relève et recommence indéfiniment ce petit manège.

Un prestidigitateur vient nous régaler de ses tours, qu'il exécute avec une dextérité vraiment prodigieuse. Je recommande en particulier aux amateurs l'habileté avec laquelle, tenant dans sa

2

main un poussin vivant, il fait mine de lui arracher la tête, pour en extraire un second petit poussin aussi vivant que le premier.

Dans la ville, on montre comme des reliques deux vieilles baraques qui existent depuis le commencement des travaux de percement du canal. Alors qu'il n'y avait à Port-Saïd, en fait de ville, que le désert, et que les matériaux manquaient, de Lesseps eut l'idée d'arrêter au passage les bateaux qui, après la guerre de Crimée, rapatriaient les troupes et les baraquements qui les avaient abritées, d'acheter ces baraquements et d'en faire les premières maisons de la Compagnie.

Reprenons notre marche plutôt monotone, car dans le canal de Suez, rien ne ressemble plus à un kilomètre parcouru que le kilomètre suivant. C'est l'interminable monotonie du désert. Dans le lointain, quelques dunes de sable, émergeant des lacs salés, semblent être des nuages roses. De temps à autre, quelques stations où un seul et unique palmier abrite le personnel du canal. Parfois, un chameau surmonté d'un arabe suit paisiblement la berge. Nous croisons deux grands paquebots allemands chargés de passagers ; l'amour-propre national souffre de constater, par contraste, notre petit nombre à bord. Je ne sais vraiment comment la Compagnie des Messageries s'en tire avec les 60 passagers de première classe que compte depuis Port-Saïd l'*Ernest-Simons*, alors que le passage du canal lui coûte 35.000 francs ; outre notre petite bande, il n'y a en première que 4 passagers civils ; tout le reste est composé d'officiers et de leurs familles et de fonctionnaires coloniaux. « Nos compatriotes

SUR LE CANAL DE SUEZ. — *Une Dahabieh*

ne voyagent pas assez, » me disait ce matin l'un des quatre civils, un jeune négociant de Paris, qui, chaque année, fait avec sa femme le voyage d'Orient pour la maison de commerce qu'il dirige avec ses frères. Tandis qu'il visite le Tonkin, Sumatra, Bornéo, etc..., l'un de ses frères fait l'Amérique et un autre l'Europe. Voilà une famille qui se remue.

A Ismaïlia, au milieu du canal, le pilote qui doit nous conduire à Suez monte à bord, amenant J. de P.., qui a accompagné en chemin de fer, jusqu'à cette station, sa famille en route pour Le Caire. Il nous raconte qu'il a visité dans les bâtiments de la Compagnie, la chambre de de Lesseps, qu'on a conservée telle quelle, y compris les livres favoris du grand homme, et parmi ceux-là une Bible. Il paraît que de Lesseps avait commencé un ouvrage sur le passage de la Mer Rouge par les Hébreux. Quand on est sur place, il semble assez naturel d'admettre que le fameux passage a eu lieu dans les lacs salés. Il y a du reste assez d'eau pour que cet itinéraire ne fasse disparaître en rien le miracle et la délivrance divine. Mais comme je comprends les Israélites d'avoir fait la grimace au moment d'entrer dans le désert, et d'avoir considéré, avec fort peu d'entrain, un voyage dans ces affreuses et mornes solitudes de sable.

La nuit vient ; un projecteur s'allume à l'avant du bateau, éclairant les deux berges de sable ; notre grand véhicule s'avance d'une allure presque insensible au milieu de la nuit étoilée et silencieuse.

9 Février.

Nous dormions tous lorsque nous sommes arrivés à Suez et nous voguons maintenant dans le golfe du même nom, ayant, à droite, les derniers contreforts des monts d'Abyssinie et, à gauche, la chaîne du Sinaï ; mais, hélas, la célèbre montagne elle-même reste invisible, cachée par celles qui sont devant. Le pays est affreusement dénudé ; la lorgnette ne permet de voir non seulement aucune trace d'être humain, mais pas même l'apparence de la plus petite végétation : la stérilité et la mort. Par contre, les teintes sont admirables et je comprends maintenant les montagnes violettes décrites par Loti comme estompées d'une gaze transparente. Le thermomètre marque 24°, mais une bonne brise rend la température très supportable. Les pyjamas, les casques coloniaux, les costumes blancs ou kakis font leur apparition. Vers 4 heures, nous entrons dans la Mer Rouge ; le soir, la mer devient phosphorescente : au ciel, des étoiles filantes. C'est alors, dans le grand silence de la nuit sereine, que ma pensée s'envole vers les chers absents déjà si loin et dont chaque tour d'hélice m'éloigne encore.

10 Février

Il fait décidément chaud ; le vêtement idéal est le pyjama ; malheureusement, il n'est toléré que jusqu'à 8 h. 1/2. Aux repas, les pankas, manœuvrés en cadence, du dehors, par un Chinois flegmatique, rafraîchissent l'atmosphère. Pourquoi faut-il que cette fraîcheur ne puisse être obtenue que grâce à la sueur d'un de nos semblables ?

Un excellent culte fait par M. H. B..., dans la chambre du commandant mise obligeamment à notre disposition, nous a rappelé le jour dominical ; pendant ce temps, la messe se célébrait dans le salon des premières. Nous avions voulu afficher notre service, pour le cas où il y aurait eu quelques autres protestants à bord ; mais il paraît que les règlements du bord défendent cette anodine publicité : toujours la manière française de comprendre la neutralité et la liberté de conscience.

Toujours même monotonie, que rompt seul le passage de quelques bateaux, ou la vue d'un banc de marsouins qui nous fait escorte. Une conversation avec le commandant me fournit quelques renseignements intéressants. Chaque voyage aller et retour Marseille-Yokohama représente une dépense de 600.000 fr., compensée par une subvention postale de 204.000 fr. Le personnel du bord, officiers, marins, stewards, comprend 180 personnes.

11 Février

La nuit dernière, la Mer Rouge a voulu pour une fois mériter son nom en se fâchant tout rouge. De mémoire d'homme, on n'avait vu semblable vent en ces parages. Notre grand véhicule tangue avec ardeur, mais l'accoutumance est faite et mon estomac se rit des éléments déchaînés. Les vagues couvrent l'avant du navire et viennent, en fine poussière cinglante, nous vaporiser à l'arrière. Sur le pont inférieur, c'est de temps à autre une douche gigantesque, transformant en radeaux les pliants et les chaises ; une d'elles, en particulier, culbute les quatre fers en l'air notre brave Chinois consciencieusement occupé à tirer la corde du panka. On ne se lasse pas de contempler l'incomparable spectacle de ces montagnes aux crêtes argentées de fines dentelures qui se précipitent à l'assaut de notre navire, et, repoussées, s'écroulent, faisant une ceinture d'écume blanche dans laquelle l'éblouissant soleil met des teintes d'arc-en-ciel.

Nous passons à la hauteur du Djeddah, le port de La Mecque. Il paraît que le seul chrétien qui soit autorisé à y résider est un marchand de chapelets et autres objets de piété musulmane. Un européen avait, grâce à sa parfaite connaissance de la langue et des habitudes arabes, pu parvenir jusqu'à La Mecque ; mais il s'est trahi au retour d'une singulière façon : par distraction, il a.....uriné (sauf votre respect) en négligeant de se conformer au rite que le Coran impose, même en ces matières, à ses fidèles. Il fut immédiatement massacré par ses fanatiques compagnons.

Le mauvais temps nous fera arriver à Aden après l'heure règlementaire, mais ne m'empêchera pas de gagner le pari d'une bouteille de champagne fait à ce propos avec un brave Ecossais, notre voisin de table ; nous la boirons à la santé de la France et plus encore de nos chers absents.

14 Février

Notre seconde escale à Aden est déjà bien loin derrière nous ; il nous en reste un souvenir brûlant et desséché. Aden est une des plus curieuses manifestations de l'énergie et de la persévérance britanniques. Il n'y a que les Anglo-Saxons capables de coloniser un rocher absolument nu et sans végétation, et d'y créer sous un soleil implacable une ville florissante. Tandis que l'*Ernest-Simons* jette l'ancre à quelques encâblures du rivage, nous distinguons, escaladant le rocher dénudé, les petites villas, disparaissant presque sous leurs énormes toits comme des tortues sous leurs carapaces. On se rend compte que sur ce coin de terre règne la peur constante, affolante, du soleil.

En mettant pied à terre, nous nous apercevons, malgré nos casques coloniaux, que cette peur n'a rien de chimérique et nous transpirons ferme en nous rendant, en voiture, traînés par deux maigres rosses, jusqu'à la ville d'Aden proprement dite, de l'autre côté de la montagne. La route, pour s'y rendre, passe sous les fortifications élevées par les Anglais, qui ont fait de cette petite presqu'île un second Gibraltar. A Aden, on nous mène voir les citernes immenses et merveilleusement agencées pour recevoir la totalité des eaux de pluie qui veulent bien tomber. Au moment où nous les visitons, les citernes sont presque absolument vides. Il est vrai

ADEN. — *Les Citernes*

qu'il n'est pas tombé une goutte d'eau du ciel depuis trois ans. Aussi, pour ne pas mourir de soif, on est réduit à distiller l'eau de mer. Il en reste cependant assez pour confectionner un assez mauvais café turc que nous consommons dans un établissement de la grand'place, environnés d'une bande de négrillons intéressés ; l'un d'eux n'a qu'un bras, l'autre a été mangé par un requin. Au retour, nous voyons les grands parcs où aboutissent les caravanes de chameaux venant d'Arabie et apportant, en particulier, les plumes d'autruche. Impossible de quitter Aden sans faire l'acquisition de quelques-uns de ces ornements de toilette féminine que vendent des juifs aussi sales que voleurs.

En rentrant à bord, nous trouvons de nouveaux passagers venant de Madagascar et allant aux Indes, et bientôt, doublant le promontoire d'Aden, notre steamer se dirige à toute vapeur, en traversant le golfe d'Aden, vers l'Océan Indien. Le temps est superbe ; nous longeons jusqu'au cap Guardafui la côte inhospitalière et désolée des Somalis, dont, avec la lorgnette, nous distinguons les villages et les barques de pêche. On se montre la plage où vint échouer, il y a quelques années, un grand navire des Messageries dont les passagers furent obligés d'attendre de longs jours, en proie à la faim, à la soif et aux mauvais traitements des indigènes, avant qu'un navire, passant en vue, vînt les rapatrier.

18 Février.

La traversée de l'Océan Indien se poursuit paisible et monotone. Notre navire fait lever constamment des bandes de poissons volants qui rasent les flots avec une fantastique rapidité, pour ne disparaître souvent que 100 ou 200 mètres plus loin. Le soir venu, quand les étoiles s'allument dans un ciel d'une limpidité parfaite, on se montre la Croix du Sud; son éclat m'a semblé très ordinaire; il est vrai que nous sommes encore loin de l'Equateur. On cherche à voir le fameux rayon vert qui apparaît sur l'horizon au moment du coucher du soleil; je n'ai pas réussi à le distinguer.

21 Février.

Vers 2 heures, avant-hier, nous aperçûmes, bornant l'horizon, une ligne ondulée surmontée de hauts sommets. C'était Ceylan. A 5 heures, l'*Ernest-Simons*, après avoir reçu à son bord le pilote obligé, franchissait la passe entre deux immenses jetées construites pour faire un port, là où la nature n'avait rien fait, et nous jetions l'ancre dans la rade de Colombo, à quelques encâblures de la terre. Notre arrivée fut saluée par des bandes de négrillons montés sur des bateaux d'un genre particulier. Imaginez trois troncs d'arbres, non équarris, réunis grossièrement par des cordes et sur lesquels deux ou trois individus, vêtus exclusivement d'un caleçon réduit à sa plus simple expression, sont assis presque dans l'eau, ou plutôt agenouillés, le postérieur sur les talons. La plante des pieds absolument blanche contraste avec la teinte

cuivrée du corps. Du reste, dans ce pays, tous les indigènes sont à peu près nus, mais grâce à la couleur, même les pudibondes Anglaises n'en sont pas affectées.

Pour en revenir à nos négrillons, qui manœuvraient avec une dextérité sans pareille leurs radeaux au moyen de pagaies primitives, ils entonnèrent en notre honneur un « tararaboum » des plus réussis, qu'ils interrompaient pour nous saluer de « captain », titre qu'ils confèrent indistinctement à chaque blanc, et pour solliciter des pièces de monnaie ; sitôt qu'une était lancée dans l'eau, ils plongeaient tous avec l'agilité de singes et toujours l'un d'eux, en émergeant, avait entre ses dents la dite pièce.

Une autre embarcation assez bizarre et particulière à Ceylan est une barque extrêmement étroite et haute sur l'eau, munie d'un énorme balancier latéral, formé d'une grosse pièce de bois reposant sur l'eau, et reliée à la barque par deux moitiés de cerceau. Grâce à cet appareil encombrant, mais sûr, la barque ne chavire jamais, même à la voile, et les Cinghalais s'en servent pour aller pêcher à de grandes distances en mer.

A peine sommes-nous amarrés que le pont est envahi par une multitude d'Indous, criant, gesticulant, offrant leurs marchandises variées en un indescriptible charabia : changeurs, vendeurs de pierres précieuses, jusqu'à un tailleur qui réussit à persuader à J. de P. de se faire confectionner 2 smokings en toile blanche. Ledit tailleur, au milieu de la foule, prend immédiatement les mesures de son client et lui promet les vêtements pour le départ, le lendemain à 11 heures du matin. Il tint parole, et chose plus étonnante, les smokings allaient merveilleusement. Quant aux vendeurs de pierres précieuses, on s'en méfie de confiance, réputés qu'ils sont pour spéculer sur l'ignorance des gens, et écouler sans la moindre vergogne des pierres fausses.

Nous nous fîmes conduire à terre. Sur le débarcadère, nouvel assaut d'une multitude de mendiants effrontés. Un vendeur de journaux, auquel nous avons le malheur d'acheter une feuille de chou quelconque, se cramponne à nous pour avoir une aumône supplémentaire. Enfin, criant, bousculant, nous arrivons à la poste, somptueux bâtiment où s'engouffrent nos innombrables lettres, télégrammes et cartes postales. En face de la poste se dresse le Palais du gouverneur de l'île, entouré d'un jardin magnifique où, pour la première fois, nous pouvons admirer la végétation des tropiques : cocotiers géants, palmiers admirables, arbres aux feuilles aussi légères et délicates que celles des orchidées, manguiers, baobabs, etc.

Nous frétons une voiture pour nous conduire à « Galle-Face-Hôtel », situé à quelque distance de la ville, au bord de la mer, et où nous comptions prendre gîte, heureux d'échapper pendant une nuit à l'étroite couchette du bord. Le plus jeune de la bande, E..., grimpe dans un ricksaw, le véhicule oriental par excellence, et que nous retrouverons désormais partout ; c'est la voiture légère à une place montée sur deux hautes roues et traînée par un homme, dont le trot cadencé peut se poursuivre sans défaillance plusieurs heures durant. Quand il pleut, on relève une petite capote et on accroche sur le devant un immense tablier qui ne laisse voir que la tête du voyageur. Le tout offre une ressemblance frappante avec un guignol ambulant. Nous suivons une belle route, longeant la plage macadamisée avec du sable d'un rouge vif. Beaucoup de monde ; des quantités de ricksaws, où se prélassent des Anglais impassibles, le chef surmonté du casque colonial obligatoire, d'élégantes voitures conduites par de délicates Misses, des bicyclettes, etc.

La route, bordée de bancs et de réverbères genre Hyde-Park, est ombragée d'immenses cocotiers ; c'est un curieux mélange de visions d'Angleterre associées au paysage des tropiques. Où qu'il s'installe, l'Anglais est bien chez lui et transporte partout un coin de la mère-patrie. Il se montre du reste très peu et le lendemain de notre promenade, nous n'en rencontrâmes pour ainsi dire pas un seul ; la police, la voirie, les travaux d'égouts, etc....., tout cela est non seulement fait, mais dirigé par les indigènes. Au bout d'une demi-heure, nous arrivons à notre hôtel, immense construction de grès rouge où se trouve tout le confort des grands hôtels d'Europe ; mais, grosse déconvenue, pas une chambre ; nous téléphonons à 3 ou 4 hôtels : même réponse décourageante ; il faudra nous résigner à coucher sur l'*Ernest-Simons,* dans le bruit et la chaleur. Nous devons nous contenter d'un dîner dans une gigantesque salle à manger, en compagnie de nombreuses anglaises ultra-décolletées, et servi par des Cinghalais. Ces gens ont une curieuse coiffure ; par-dessus leurs longs cheveux, roulés en chignons, ils plantent un peigne en écaille en forme de diadème ouvert sur le devant et dont les deux extrémités sont surmontées de petites cornes, qui pointent vers le ciel.

Malgré le prix copieux du dîner, le menu fut exécrable et nous fit une fois de plus apprécier la supériorité de la cuisine française. Le seul charme de l'endroit, c'est sa position. Un beau jardin descend jusqu'au bord de la mer, on se laisse bercer par le bruit des vagues, mollement étendu dans des fauteuils cannés et frais, profonds comme des lits ; les bras de ces fauteuils, en se dédoublant, projettent de chaque côté deux avant-bras sur lesquels on étend ses jambes écartées, à l'américaine : c'est le suprême du confort et du manque de tenue.

Assaillis, au moment du départ, par un effroyable orage, nous dûmes nous réfugier, avant de regagner notre bord, dans un hôtel où nous trouvâmes nombre de nos compagnons de bateau, attendant, comme nous, une éclaircie. Un charmeur de serpents, jongleur, nous fit passer le temps en nous exhibant un superbe cobra et un autre serpent aussi répugnant d'aspect, qui courait sur les marches de l'hôtel et qu'il maniait avec amour. Son principal tour fut de faire sortir d'une pincée de terre un manguier, haut de 0 mèt. 30, avec ses racines et ses feuilles. Le fruit du manguier, qui constitue une des célébrités gastronomiques du pays avec le riz au currey, nous fut offert au dîner ; c'est un gros fruit verdâtre dont la chair ressemble à celle du melon, assez parfumé ; le goût rappelle, pour les uns, celui du cassis, pour les autres, la térébenthine, et enfin pour d'autres, le lait sortant du pis de la vache : qu'on choisisse. Ce n'est pas mauvais, mais cela ne vaut décidément pas nos fruits d'Occident.

A 11 heures, le vent ayant cessé, nous frétâmes, à 12, une barque qui nous ramena sains et saufs à bord. Mais quelle nuit ! 30° de chaleur sans un souffle d'air : un bruit continuel de marchandises débarquées et de charbon embarqué. Nous avions bien cent caisses de produits divers à extraire de la cale pour être transportées soit à terre, soit à bord du *Dupleix*, l'annexe des Messageries Maritimes qui fait le service de Pondichéry et de Calcutta. Nous ne dormîmes guère et à 6 h. 1/2 tous déjeunaient avant de retourner à terre. Aussitôt débarqués, nous prîmes place dans deux voitures qui nous conduisirent faire le tour de la ville, en commençant par la traversée de la ville indigène dénommée « Pettah ». Toutes les maisons sont des boutiques sans étages où se débitent les produits les plus variés, entre autres le fameux bétel dont tout le monde, hommes et femmes, fait usage et qui transforme toutes les bouches en un trou sanguinolant ; il paraît, du reste, que c'est un bon antiseptique.

Dans les rues, un grouillement incroyable d'enfants, des voitures couvertes de sparterie traînées par de minuscules zèbres et, au milieu de tout cela, des tramways électriques du dernier genre, dont le timbre familier résonne sans cesse.

Nous passons à côté d'une église construite par les Hollandais et d'une cathédrale catholique qui rappelle la domination portugaise. Les catholiques abondent ici. Une carriole rencontrée nous laisse apercevoir les grandes cornettes de sœurs de charité de deux femmes indoues.

La route, en sortant de la ville, suit de vastes rizières, puis des bois entiers d'énormes cocotiers. Nous finissons par arriver au Victoria-Bridge, sur la rivière, qui nous permet d'admirer un paysage extrêmement riche et pittoresque ; ce sont bien les tropiques dans toute la splendeur et la richesse de leur végétation : fougères arborescentes, lianes énormes, cocotiers chargés de fruits, banians aux troncs multiples, chaque arbre formant ainsi un petit bois. Nous rentrons en ville par Victoria-Park bordé de somptueuses villas ; c'est le quartier des riches colons anglais. Notre dernière heure de liberté se passe à flâner devant les boutiques et à faire quelques acquisitions.

Bientôt nous réintégrons notre domicile flottant,

COLOMBO. — *La Rivière, du Victoria Bridge*

qui représente pour le moment le « home » ; tous les objets nous y semblent familiers. Nous repartons majestueusement, salués par les cris et les plongeons multiples de nos négrillons amphibies.

21 février.

Nous voici dans le Golfe du Bengale, nous dirigeant en droite ligne vers la pointe de Sumatra que nous doublerons demain pour entrer dans les « straits ». C'est ainsi que l'on appelle la bande de mer s'étendant entre Sumatra et la Birmanie, jusqu'à Singapour.

Nous avons embarqué à Colombo un certain nombre de passagers indigènes, entre autres des Indous avec leurs « dames » et des petites familles négrillonnes fort drôles à voir. J'ai noté en particulier un greffier de Pondichéry, venant à Saïgon, qui avait fort bonne façon, mais vis-à-vis duquel, comme du reste pour tous ses congénères, le commissaire du bord affecte un souverain mépris, déclarant qu'il est absurde de faire des fonctionnaires de ces gens-là, qui sont des « brutes » ne songeant qu'à tromper et à voler. C'est d'ailleurs le mépris réciproque qui semble marquer les rapports entre Européens et Asiatiques.

Mon greffier est muni d'une énorme femme fort laide et « in family wait » avec un magnifique collier d'or et une petite étoile, d'or aussi, fichée comme une punaise sur la narine droite. Cet ornement fort répandu à Ceylan n'est après tout pas plus bête que les boucles d'oreilles et c'est moins laid ; cela remplace la mouche des marquises du 18e siècle.

Rien de nouveau à bord à signaler. Nous nous

livrons sur le pont, avec persévérance, aux exercices de gymnastique suédoise, avec le secret espoir de conjurer ainsi la fâcheuse tendance à l'obésité que pourrait provoquer la vie plantureuse et indolente du bord. Hier soir, nous avons été régalés de morceaux de musique par quelques-unes des gentilles jeunes femmes d'officiers qui accompagnent leurs maris.

22 février.

Journée sans incident, avec les occupations habituelles et les causeries qui font vite passer le temps. Je découvre un citoyen d'Enghien, très lié avec la famille du pasteur de Félice : décidément, le monde est petit.

Je lis *La Rénovation de l'Asie* de Leroy-Beaulieu. C'est un livre qui fait bien comprendre et apprécier la question de l'Extrême-Orient, autrement grosse et vaste de conséquences que l'antique « Question d'Orient ».

23 février.

Voici notre troisième dimanche à bord ; comme d'habitude, nous venons d'avoir dans la confortable cabine du commandant notre culte à cinq avec une méditation excellente d'Henri Bois.

Nous avons doublé le cap Achen qui constitue la pointe extrême de Sumatra et qui s'est présenté à nos yeux sous forme de hautes falaises couvertes d'une magnifique végétation. Cette terre est habitée par des populations fort peu hospitalières qui donnent, comme on le sait, beaucoup de fil à retortre aux Hollandais. Il fait de plus en plus chaud ; 30° de chaleur jour et nuit et l'on dort mal dans les cabines.

Demain matin, à Singapour, nous ne serons plus qu'à 150 kilomètres de l'Equateur. Rencontré ce matin et dépassé un pauvre navire tout désemparé, remorqué et dont l'avant fendu et informe indiquait que le feu avait dévoré une partie de la coque.

La soirée se passe en petits jeux et productions variées ; je note, sans modestie, que j'ai été fort applaudi dans la romance du Muguet.

25 février.

Nous avons quitté Singapour hier à 4 heures, et remontons maintenant presque en droite ligne vers le Nord, après avoir doublé la pointe extrême de la presqu'île de Malacca. L'air lourd et humide des « straits » nous tient toujours fâcheusement compagnie, mais nous avons pu admirer une fois de plus la splendeur d'un paysage des tropiques.

C'est à 5 heures hier matin qu'on vint me réveiller en vue de Singapour. Rapidement monté sur le pont, je vois l'*Ernest-Simons* entouré de tous côtés d'îles boisées au milieu desquelles il évolue avec lenteur. Les détails de la côte s'accusent de plus en plus ; chaque île est recouverte d'une forêt compacte, envahissant même la mer ; c'est dans l'eau que poussent les palétuviers. Plus loin, on distingue des maisons, des réservoirs de pétrole, des fabriques de nitroglycérine, enfin la vie civilisée succédant à la nature sauvage. Nous franchissons une dernière passe, si étroite que deux navires comme le nôtre auraient peine à s'y croiser, et Singapour nous apparaît quelque peu noyée dans une brume humide disparaissant en partie sous la verdure, que trouent çà et là de hautes cheminées d'usines. Pour la première fois, notre navire est à quai et nous évite l'ennui de barques pour descendre à terre. A peine sur le sol, nous nous précipitons, en compagnie d'une aimable femme que son mari nous avait confiée pendant qu'il se rendait lui-même à ses affaires, pour prendre le train de Johore.

Johore est une petite principauté que les Anglais ont laissée indépendante tout en la soumettant à leur protectorat, gouvernée par un sultan, et dont le territoire est au bout de la presqu'île de Malacca. Pour nous y rendre, nous traversâmes sans nous y arrêter le quartier chinois qui nous procura une première vision du Céleste Empire. Même les gosses de deux ou trois ans ont la queue dans le dos (postiche naturellement), d'où constatation d'une première différence entre le Chinois et l'Européen : le premier porte perruque dans sa jeunesse et le second dans sa vieillesse ; du reste, comme toujours, curieux mélange de civilisation occidentale et orientale. Un Chinois à demi-nu coud gravement avec une machine à coudre dernier modèle, qu'il fait mouvoir de ses pieds nus. Une grosse Chinoise, dont les pieds sont remplacés par les horribles moignons que lui impose la coutume nationale, se traîne plutôt qu'elle ne marche en s'appuyant aux barrières du chemin. Ailleurs, les mécaniciens nettoient et réparent, suivant toutes les règles de l'art, des bicyclettes. Plus loin, un Céleste fait sa toilette en plein vent et se frotte, non pas les dents, mais la langue, sur laquelle il promène avec ardeur une sorte de grattoir.

Nous arrivons juste à temps pour sauter dans le petit train dont les wagons sont munis d'un toit surplombant comme celui d'un chalet suisse, contre la chaleur. Nous traversons des bois, des rizières, des cours d'eau ; c'est la même débauche de végétation qu'à Ceylan, plus variée peut-être encore ; d'immenses champs d'ananas ressemblant à de gigantesques hérissons, avec des taches rouges qui sont les fruits.

A la descente du train, un petit vapeur nous fait franchir en dix minutes l'étroit bras de mer qui nous sépare du continent et nous voici à Johore.

Notre première visite est pour la poste où chacun fait l'acquisition de la série de tous les timbres du Sultanat, au grand désespoir de l'employé peu accoutumé à un travail aussi intensif. Une bande de ricksaws nous attend et leurs chevaux à deux pattes, sous forme de Chinois assez rigolards, la queue roulée et vêtus rudimentairement d'un caleçon, nous emmènent à la queue leu leu, au petit trot, visiter les curiosités du pays. Nous passons devant le palais du Sultan, construction aux bizarres incohérences de style ; un magnifique escalier de marbre blanc aboutit à une porte dont se contenteraient avec peine des maisons de paysans. Comme lampadaires, d'affreuses lanternes venues de chez des marchands de quincaillerie à quatre sous. Mais les jardins que nous visitons ensuite sont véritablement merveilleux avec leurs incroyables variétés d'arbres et de plantes : des fougères d'une finesse et d'une légèreté incomparables, des feuillages de toutes formes et de toutes teintes, depuis le jaune clair jusqu'au brun foncé ; puis des bambous géants, des arequiers au tronc mi-parti vert, mi-parti rouge vif ; des volubilis énormes, couleur de sang, couvrant des palmiers, les enguirlandant de leurs flexibles tiges.

Au sortir de ces splendeurs, nous allons visiter une mosquée ; à notre approche, un gardien digne et sévère s'avance, brandissant un parchemin anglais qui adjure tout visiteur de quitter ses chaussures avant de fouler le sol sacré ; nous voici donc tous assis pour obtempérer à ces ordres (il n'y a de trous à aucune chaussette) et nous pénétrons alors dans la mosquée. Quand le thermomètre marque 30° de chaleur, marcher sur des dalles de marbre blanc procure une exquise sensation de fraîcheur ; toutes les salles sont pavées de ce marbre ; c'est la seule chose remarquable avec les dimensions grandioses de l'édifice qui, du reste,

JOHORE. — *Devant l'entrée de la Mosquée*

est absolument nu. Du plafond pendent de gros lustres en cristal, où les luminaires sont représentés par des lampes à pétrole ; au fond, la chaire ; rangés en ordre, les tapis qu'on étend les jours de fêtes ; j'en déplie un, c'est de la vulgaire moquette du Bon Marché à 6 fr. le mètre.

Peu après, nous regagnons notre hôtel où nous attend un excellent lunch, le « tiffin », comme on l'appelle en Orient. Nous faisons pour la première fois connaissance avec le currey apprêté selon toutes les règles de l'art ; c'est tout simplement exquis ; l'absorption de ce mets constitue un rite des plus compliqués, grâce à la variété des plats qu'il comporte. On présente tout d'abord du riz cuit à point, croquant sans être dur ; puis successivement trois plats : deux de viande et un d'œufs avec la sauce au currey ; on mélange ces trois produits avec le riz ; apparaît un Chinois porteur d'un plateau sur lequel sont rangés en ordre savant 8 petits plats : cornichons, céleri, poisson, confiture de gingembre, etc. ; on assaisonne son currey, avec celui ou ceux de ces condiments qui vous conviennent et alors commence la dégustation : par exemple, c'est du feu ardent qu'on s'introduit dans le gosier, mais la saveur est de premier ordre et c'est, paraît-il, très sain. Comme contre-partie, on sert immédiatement après un pudding à la semoule avec deux sauces qu'on mélange, l'une de caramel, l'autre de lait frais de noix de coco, c'est l'extinction immédiate du feu du currey et un bien-être stomacal exquis.

Tout cela est très matériel, mais la vie du bord est d'une telle platitude que même le profond penseur et psychologue qu'est M. B... en arrive à ne plus parler que de sommeil, mangeaille, etc.,. Nous nous rattraperons plus tard.

A 3 heures, après avoir « défait » la route parcourue le matin, nous regagnons notre bord. Pendant notre absence, un autre grand vapeur des Messageries, le *Tourane*, allant à Marseille, était venu accoster tout près de nous et nous pûmes fraterniser avec des compatriotes revenant dans la mère-patrie ; me croirez-vous si je vous dis que malgré la perspective de mon beau voyage, ce n'est pas sans une nuance d'envie que je pensais que ces heureuses gens seraient dans trois semaines au milieu de leur famille ? A 4 heures, nous partons en compagnie de pas mal de nouveaux passagers, la plupart Anglais et Américains ; le navire est bondé. J'ai comme voisin de table un M. de Grasset ; il vient de parcourir successivement l'Inde et Java ; c'est le type du « globe-trotter » dont les récits sont intéressants.

Beaucoup de pluie au départ ; d'ailleurs, à Singapour comme à Saïgon, la règle presque uniforme, c'est une ondée diluvienne à peu près à la même heure dans l'après-midi et durant laquelle chacun reste chez soi. Ce matin le temps est de nouveau beau ; la mer est un peu agitée ; nous tanguons pas mal, mais l'estomac tient bon.

CHAPITRE SECOND

La Cochinchine et le Tonkin

28 février.

La traversée du golfe du Tonkin se fait sans incident digne d'être noté. Ma plume est restée un peu inactive pendant ces jours, car il m'a fallu un temps considérable pour des combinaisons de bagages en vue du débarquement et du réembarquement à Saïgon. Nous devons, en effet, quitter notre beau bateau et prendre place sur un affreux petit vapeur sur lequel la place nous sera parcimonieusement mesurée. Hier à midi, tous mes préparatifs étant terminés, je remonte sur le pont et j'aperçois dans le lointain les hautes falaises formant le cap Saint-Jacques, sorte de petit Gibraltar français très fortifié, qui marque l'entrée de la rivière de Saïgon. Nous nous engageons dans le delta du fleuve aux innombrables méandres ; le terrain est absolument plat, couvert de broussailles et de palétuviers ; de temps à autre, quelques paillottes marquent un village de pêcheurs. Le fleuve est très large et profond ; notre beau navire en suit avec aisance et rapidement les innombrables sinuosités. Après deux heures de navigation fluviale, on signale à l'horizon les flèches de la cathédrale de Saïgon. Les navires de commerce se montrent très nombreux ; nous comptons une dizaine de vapeurs attendant leur chargement de riz à destination de la Chine, de Manille, du Japon, portant les pavillons de tous les pays, mais pas un bateau français ; c'est le résultat de notre loi absurde qui oblige les navires de commerce à avoir les trois quarts de leur équipage français ; il est impossible, dans ces conditions, de lutter avec l'étranger, qui a des équipages de Chinois beaucoup moins onéreux, et dont le service est tout aussi bon.

Nous continuons à suivre la rivière et finissons par piquer du nez dans l'une des rives vaseuses, ce qui permet à notre grand navire, par une savante manœuvre, de tourner sur lui-même et de s'amarrer, la proue dans la direction de la mer. De nombreux navires de guerre nous entourent : des torpilleurs, voire même des sous-marins. Enfin, nous voici à quai ; on lance la passerelle ; nous mettons pied à terre au milieu d'un mélange bizarre de Chinois, d'Annamites, de blancs coloniaux et de belles dames en toilettes claires. Le pasteur Valette nous accueille à bras ouverts et avec lui un brave garçon, ancien membre de l'Union de Paris. Après les palabres d'usage sur l'emploi de notre temps, les échanges de monnaies, etc.., nous montons dans une carriole décorée du nom « d'omnibus de l'Hôtel Continental » et en route pour ledit hôtel au trot de trois chevaux microscopiques, pas plus hauts que les poneys du Jardin d'Acclimatation, mais qui n'en traînent pas moins leur charge avec une vigueur sans égale. On nous installe dans de confortables chambres où tout est combiné pour donner le maximum de fraîcheur possible : pas de vitres, rien que des volets à lames toujours fermés, le sol en carrelage, pas l'ombre d'un rideau ; dans un coin, une chaise longue cannée pour faire la sieste. C'est de ce domicile qui paraît somptueux après la cabine de l'*Ernest Simons* que j'écris, non sans avoir réduit mes vêtements au strict minimum, et pendant que tout sommeille dans l'hôtel et dans la ville.

De 11 heures à 2 heures, c'est le moment sacré où tout s'arrête, où les bureaux sont fermés, où les boutiques closent leurs devantures ; les rues sont désertes, on fait la sainte sieste, aussi indispensable dans ce pays que le boire et le manger, et que nul ne doit troubler. En cette saison, la température est encore fort supportable, il ne fait, dans le milieu du jour, qu'une trentaine de degrés, mais dans l'été, c'est terrible.....

Nous ressortons à 5 heures pour faire un tour de ville. Saïgon est peut-être la plus européenne des villes de l'Orient ; sauf le quartier chinois, les Annamites à la peau bronzée, et les pousse-pousse, à pneumatiques, s'il vous plaît, on pourrait se croire dans n'importe quelle ville de France ; très belle ville, du reste ; d'immenses et larges avenues bien tenues et toutes plantées de grands arbres se coupent à angle droit ; de très beaux monuments, entre autres, le splendide bâtiment de la Poste : une belle promenade, « L'Inspection », rappelant beaucoup le Bois de Boulogne et que fréquente le beau monde de 6 à 8 heures ; nous y faisons notre « persil » avant de rentrer dîner à notre hôtel en compagnie de M. Valette et de M. P. de P.., cousin de notre compagnon, qui exploite une concession à Camerang.

Après dîner, réunion au temple : joli temple tout blanc, très frais, avec des arcades et une voûte en plein cintre. Une trentaine de soldats nous écoutent avec beaucoup d'attention, quelques civils aussi. La réunion est suivie de la tasse de thé traditionnelle, ce qui permet une causerie amicale avec ces braves troupiers qui soupirent après l'époque du rapatriement. Il y en a de tous les coins de France : des Charentes, des Cévennes, des Pyrénées, de la Normandie, de l'Est ; on sent qu'on leur fait plus que plaisir, un bien véritable, en leur apportant une bouffée d'air natal.

Rentrés à pied à l'hôtel après un infructueux essai de rafraîchissement au moyen d'une vague boisson glacée, je m'introduis avec précaution sous ma moustiquaire, et au contraire de mes compagnons qui, grâce à la chaleur, n'ont pu dormir, je passe une bonne nuit.

Ce matin, course à la rivière pour reprendre possession de notre nouveau domicile flottant ; ah ! mes amis ! quel sabot à côté de l'*Ernest-Simons* ; nous ne l'habiterons heureusement que 5 jours ; on nous octroie pour nous deux une étroite cabine mal agencée, tout à côté des machines, et si, par là-dessus, la mer est mauvaise comme on nous le prédit, ce sera du propre.....

2 Mars.

Il est temps de reprendre la plume, bien que mon état physiologique actuel ne m'y pousse guère. Je danse avec tous mes compagnons d'une manière abominable et bien que, jusqu'à présent, ces gigantesques sarabandes aient eu le bon goût de respecter mon estomac, je n'en suis pas moins peu porté à m'installer à une table pour écrire. Mais reprenons la chronique.

Après la sieste qui suivit immédiatement à Saïgon la fermeture de ma dernière lettre, M. Valette nous emmena en voiture faire une promenade dans les environs de la ville sur des routes magnifiques. Nous côtoyons des rizières où se dressent çà et là d'énormes buffles annamites qui servent au labourage ; les bêtes, paraît-il, détestent les blancs auxquels elles reprochent de sentir le cadavre et fondent sur eux quand ils approchent. Nous rentrons dîner chez M. V..., qui nous fait les honneurs de sa petite maison agrémentée d'un jardin couvert presque entièrement par un énorme bananier. Le « boy » annamite qui nous sert, demeure avec sa petite famille dans les dépendances et c'est le « boy » du « boy » qui tire la ficelle du panka. Une salle de la maison est consacrée aux militaires qui ont là, à leur disposition, avec des meubles confortables en bambou, des journaux et revues ; une fois ou deux par semaine, ils se réunissent pour l'étude d'un sujet religieux ou social.

Le soir, à la fraîcheur, nous frétons deux voitures, et en route pour Cholen, la ville chinoise à 4 kil. environ de Saïgon ; la promenade à la fraîcheur, éclairée par une lune magnifique qui découpe d'une manière fantastique les feuillages des arbres bizarres bordant notre chemin, fut délicieuse. Le quartier annamite, que nous longeons, vient d'être entièrement brûlé ; des bouts de bois flambent encore et les pauvres habitants contemplent ces ruines. Cholen est caractérisée tout d'abord par les immenses rizières qui l'entourent et que bordent de grandes usines servant à décortiquer le riz ; la récolte qui vient de se terminer a été magnifique cette année et les négociants du pays se promettent, paraît-il, des profits énormes ; la ville est presque exclusivement peuplée de chinois. Nous suivons une rue longue de plusieurs kilomètres, bordée d'un bout à l'autre des boutiques les plus variées qu'éclairent d'énormes lanternes aux formes bizarres. Dans la rue même, chaque chinois porte sa lanterne. Nous pénétrons dans une fumerie d'opium : oh ! le vilain spectacle ! Allongés sur des divans, des chinois et des annamites se livrent avec amour à la délicate besogne qui consiste à prendre au bout d'une longue aiguille la brune pâte d'opium, à la faire cuire à la flamme d'une bougie et à l'introduire dans le fourneau d'une pipe en fer-blanc ; le fumeur tire trois bouffées qu'il absorbe et la petite opération recommence jusqu'à épuisement de la substance qu'on lui a vendue à l'entrée ; il glisse alors, endormi jusqu'au lendemain matin. Il y avait bien une vingtaine de ces endormis aux yeux vitreux et ouverts ; c'est fort répugnant. Un bruit de tam-tam et de gong nous attire vers une autre demeure où nous pénétrons sans que personne se formalise ; au fond d'une pièce, une jeune femme avec son enfant et trois vieux bonzes vêtus comme des prêtres catholiques, qui font toutes sortes de génuflexions devant un autel improvisé. Un vieux type, couché lorsque nous entrons, se précipite, en nous apercevant, vers une sorte de baguette de papier enflammée, la jette par terre, la piétine pour l'éteindre ; c'est, paraît-il, une manière de chasser les mauvais esprits apportés sans nul doute par les barbares occidentaux. Cet accueil peu flatteur fut corrigé, du reste, par celui d'une jeune fumeuse, qui, dès l'entrée, nous tendit gracieusement la main et voulut bien nous sourire au moment du départ.

Notre voiture nous ramène jusqu'au bateau où nous embarquons vers minuit en prenant congé de nos hôtes ainsi que de MM. B..., J..., et E..., qui se rendent directement au Japon.

6 mars.

La « *Manche* » m'a décidément empêché, grâce à sa nature éminemment peu stable, de continuer à noter mes impressions en cours de route et je reprends mon récit interrompu à Hanoï, où je suis hébergé chez les braves J..., qui ont tenu absolument à me recevoir. La « *Manche* » est bondée de voyageurs ; outre des Européens, une quantité d'Annamites des deux sexes, qu'on trouve dans tous les coins couchés sur des tas de cordages ou dans des monceaux de voiles. Très peu de place sur le pont ; sans la durée et la variété du trajet, on aurait pu se croire sur un bateau-mouche de la Seine.

J'avais interrompu mon récit au moment de l'escale de « Tourane ». Pour nous dégourdir un peu les jambes, nous étions descendus à 11 heures du soir, emmenés par un notable de l'endroit qui rentrait chez lui et qui voulut absolument nous faire prendre un verre de bière à son cercle. Malgré la nuit, la chaleur était étouffante, et tombant de sommeil, nous nous décidâmes à ne pas attendre la chaloupe des « Messageries » qui ne partait qu'à 1 heure du matin, et frétâmes à frais communs une sorte de long bateau que deux hommes et une femme font mouvoir avec une vigueur singulière et une cadence parfaite à l'aide de longues rames, qu'ils manient debout à l'avant du bateau ; nos braves bateliers ramèrent sans un instant d'arrêt sous un ciel étoilé dans cette admirable rade de Tourane qui paraît comme un lac fermé de hautes montagnes ; c'est le point de départ d'un petit chemin de fer qui va à Hué ; c'est aussi le point central de plusieurs excursions.

Une bande d'Américains, partie de Saïgon avec nous, s'y arrêta pour visiter les endroits les plus réputés et aussi avec le grand espoir de voir le « tigre », la grande attraction du pays ; ces hôtes incommodes ne vous attaquent pas, paraît-il, si l'on a pris la précaution de n'avoir pas de fusil ; les Annamites ont un grand respect pour cet animal qu'ils appellent « Monsieur le Tigre ». Quand ils réussissent à en prendre un au piège, avant de le tuer, ils s'excusent auprès de lui, avec force salamalecs, de la liberté grande qu'ils vont prendre en lui ôtant la vie ; le fait est que pas un Annamite ne se trouve sur la route ou dans la brousse la nuit tombante. En accostant le navire, nous constatons que le travail de décharge des marchandises a heureusement cessé, de sorte que tout est calme et que nous nous endormons sans peine.

Au réveil, le lendemain, temps épouvantable, très grosse mer : une vraie tempête qui ne se calma qu'à l'entrée de la baie d'Haïphong, si bien que nous mîmes 36 heures pour faire ce trajet qui n'en demande en général que 22 ; roulis et tangage épouvantables ; on a peine à se tenir sur le pont du navire ; et comme la chaleur et les odeurs en rendent insupportable l'intérieur, on ne sait où se

SUR LA « MANCHE ». — *La Petite troupe*

mettre ; les malheureuses jeunes femmes d'officiers avec lesquelles nous voyagions depuis Marseille étaient dans un état lamentable ainsi que leurs pauvres enfants, trois amours de petites filles avec lesquelles j'avais fait très bonne connaissance pendant nos 30 jours de traversée. Ce fut donc une allégresse générale lorsque, vers 11 heures, on signala le phare des îles Nordway et peu après, presque vis-à-vis, un autre feu qui marquait l'entrée de la baie d'Haïphong. A 2 heures, nous pénétrions dans l'un des bras du fleuve Rouge et au bout d'une heure de navigation tranquille, nous apercevions les maisons d'Haïphong.

L'embarcadère est couvert d'une masse de gens ; nous accostons, prenons congé de nos compagnons, et nous voici sur le quai serrant vigoureusement la main de nos amis J..., le pasteur de Saint-André, M. Bonnet, l'évangéliste d'Haïphong, etc... Tous ces braves gens paraissaient enchantés de nous voir ; on sent qu'une bouffée d'air natal leur fait un immense bien. Comme d'usage, nous palabrons longtemps pour savoir ce qu'il convient de faire ; enfin, nous rendant au désir de M. Bonnet, qui nous a préparé une réunion pour le soir, nous décidâmes de nous arrêter à Haïphong avant de monter à Hanoï. Je ne me sentais guère en état de conférencer après ces 5 jours de dure traversée, qui m'avaient vidé, sinon l'estomac, du moins le cerveau ; mais cependant nous ne pûmes résister aux prières pressantes et nous allâmes prendre gîte à l'hôtel du Commerce. La température était délicieuse ; cependant il faut se garantir constamment du soleil et porter le casque colonial ; l'air est frais et sec, on marche facilement et une petite promenade sur terre tonkinoise me permettant de dérouiller mes jambes fortement ankylosées me parut délicieuse. Tout en marchant, nous fîmes le plan des 9 jours que nous allions passer au Tonkin ; je dis 9 jours, bien que nous fussions dans l'incertitude de la date à laquelle nous devions nous embarquer pour arriver à temps à Hong-Kong. Nous venions d'apprendre en effet, que le navire des Messageries, que nous devions prendre dans cette dernière ville, avait eu un accident de machine à Suez et serait en retard, mais de combien de jours ? Nous courons les agences pour nous mettre en quête d'un bateau partant la semaine prochaine pour Hong-Kong ; nous ne pouvons recueillir aucune indication précise : ce sera en tout cas un navire de commerce peu confortable.

Bientôt après, M. Bonnet nous reçoit chez lui ; son presbytère est fort attrayant avec ses immenses vérandas au milieu d'un jardin planté de bananiers ; tout en prenant le thé, un autre Bonnet, un cousin, de Tourane, nous donne des détails très intéressants sur son œuvre de colportage en Annam ; il parcourt tous les villages de la contrée, vendant des Bibles et des Nouveaux Testaments, environ dix mille par an. Les indigènes sont paresseux, mais faciles de caractère et aimables ; je crois qu'une œuvre de Mission aurait grand succès dans toute la Cochinchine, car les gens, suivant M. B., sont dégoûtés des Missions catholiques qui les trompent et les exploitent ; il me citait deux villages entièrement catholiques disposés à retourner au bouddhisme, mais qui auparavant étaient venus s'enquérir du protestantisme ; malheureusement, il n'a ni le temps ni les moyens de faire œuvre de Mission proprement dite.

Après le dîner, dans le petit temple contigu au presbytère, excellente réunion devant une quarantaine de soldats qui nous écoutent avec une attention soutenue ; puis, longue causerie dans leur grande salle de lecture, qu'on avait magnifiquement décorée en notre honneur. Nos braves soldats constituent une véritable Union Chrétienne bien organisée, avec président, vice-président, secrétaire et bibliothécaire ; une bibliothèque bien fournie et très utilisée.

Nous rentrons de bonne heure à notre hôtel, car il s'agit d'être debout le lendemain à 5 heures pour prendre le train d'Hanoï ; à l'heure dite, nous partons pour franchir en 3 heures le trajet qui nous sépare de la capitale.

8 Mars.

Reçu à mon arrivée à Hanoï par le brave ami J... ; je m'installe chez lui. Sa maison est une ancienne pagode désaffectée, au milieu d'un jardin où fleurit, entre autres, le mimosa du Tonkin aux boules semblables à celles que nous connaissons, mais quatre fois plus grosses... Bientôt après, nous nous mettons à table, servis par un boy annamite au costume de toile blanche avec un turban et nu-pieds. N'avoir pas de turban et mettre des chaussures seraient un manque de tenue sévèrement réprimé ; ces messieurs doivent aussi, pour être polis, tenir à deux mains la moindre des choses qu'ils vous donnent, quand ce ne serait qu'une simple pièce de monnaie ; avec eux, parler nègre est de rigueur, mais on a bien des chances d'être compris si l'on fait précéder chaque phrase de « Y a moyen ».

Nous rendons ensuite visite au pasteur de Saint-André, qui occupe un presbytère fort confortable tout à côté du temple ; ce sont des gens très aimables et très accueillants et qui se sont donné toute la peine possible pour faciliter notre voyage et nos courses dans le pays.

Nous partons le lendemain, J. de P..., et moi, dans une petite voiture à deux roues que nous conduisons, ayant M. de Saint-André caracolant en tunique blanche à nos côtés, sur un petit bidet également blanc. Que cet équipage ne vous fasse pas croire que je me « vautre » dans le luxe ; ici, tout le monde a son petit cheval et quant aux grooms et boys, ils sont en nombre considérable, car la loi de spécialisation et de division du travail est observée parmi eux de la manière la plus stricte.

Hanoï est une belle ville ayant tous les caractères d'une grande cité européenne, sauf la hauteur des maisons ; on suit de larges boulevards plantés d'arbres, de « flamboyants » dont les fleurs sont d'un rouge pourpre ; ces boulevards se coupent à angle droit ; quelques édifices modernes banals : Palais de Justice, Musée. Le centre de la ville est un ravissant petit lac entouré de jardins et de belles villas ; tout près de là, le cercle militaire et civil de la ville, où nous fûmes reçus gracieusement à titre de membres temporaires.

Notre première course, hier matin, fut pour la rue des Chapeaux ; dans la ville annamite, chaque corps de métier a sa rue bien distincte ; dans celle des chapeaux, on ne voit que des couvre-chefs immenses en feuilles de latanier ou des chapeaux pointus du genre classique chinois. Après un fort marchandage, nous devenons possesseurs d'un véritable stock de ces chapeaux moyennant le prix modique de 0,60 pièce.

Toujours cavalcadant, nous allâmes ensuite visiter une belle pagode au bord d'un grand lac dont les rives sont couvertes de lotus à fleurs roses et ombragées de grands et beaux arbres. A l'entrée de la pagode, des vendeurs d'encens et de feuilles de papier d'or ; ces feuilles constituent un moyen économique d'offrir des lingots d'or à Bouddha pour s'assurer sa bienveillance. Le fidèle achète un certain nombre de ces feuilles ; les présente au dieu ou bien au dragon qu'il s'agit d'amadouer ; puis il brûle ces boules dans des fours ad hoc et le tour est joué ; Bouddha est représenté par une immense statue de 3 mètres de haut, toute en bronze ; il est malheureusement jalousement caché sous un immense velum de soie rouge brodé ; de sorte que nous ne pûmes que contempler sa face auguste et un pied de bronze admirablement modelé. Devant l'autel, de petits pots pleins d'une forêt de petits bâtons d'encens allumés ou bien d'offrandes de bananes, de fleurs ; à l'entrée, un gros gong sur lequel frappe chaque pélerin pour prévenir Bouddha de sa présence et l'inviter à prêter l'oreille à sa requête. Une visite rapide au jardin botanique nous permet d'admirer de magnifiques tigres et panthères vraiment sauvages, ceux-là. Nous rentrons en ville par les terrains de la citadelle, forteresse à la Vauban, construite au XVIIIe siècle par des ingénieurs français, mais démantelée depuis peu et dont il ne reste que l'observatoire central, le « Mirador », qui sert aujourd'hui de poste de télégraphie sans fil.

A peine notre déjeuner avalé, nous prenons le train pour Viétri, poste militaire à une cinquantaine de kilomètres d'Hanoï, aux confins du delta et au confluent de la Rivière Claire et du Fleuve Rouge ; il est occupé par un bataillon de la légion étrangère ; parmi les soldats s'est formée une véritable Union Chrétienne et c'est cette Union que nous allions visiter et qui avait organisé à notre intention une réunion pour le même soir. Nous comptions trouver le président, un caporal ou peut-être un lieutenant protestant à la gare, mais à notre surprise, nous ne vîmes personne et nous en fûmes réduits à nous faire voiturer dans des pousse-pousse provinciaux jusqu'à l'hôtel, en passant sous les racines d'un énorme banian qui avait enjambé la route en formant une arche naturelle. On nous expliqua, à l'hôtel, l'absence de nos gens : par un malencontreux hasard, il y avait eu le même jour une manœuvre de mobilisation et de service en campagne, si bien que tout le monde était sous les armes, se promenant sur la route à quelques kilomètres de Viétri ; il ne nous restait qu'à attendre nos hommes, ce que nous fîmes tout en nous promenant agréablement sur les rives de la Rivière Claire, qui, avec le pont du chemin de fer, les pêcheurs sur l'eau et les ombrages avoisinants, ressemble étonnamment à la Seine à Bougival ; seul l'arbre à l'ombre duquel nous nous reposions n'avait rien de parisien ; c'était un gigantesque « fromager » digne du plus bel arbre de nos grandes forêts. Il y a 4 ans à peine, le confluent des deux rivières était juste à cet endroit, mais il s'est trouvé déplacé d'un bon kilomètre ; les variations dans le lit des fleuves, en ce pays, sont phénoménales. Il en résulte des changements perpétuels dans la superficie des propriétés et la nécessité au Tonkin d'une législation spéciale. Notre promenade nous amena à la porte du quartier, juste au moment où les troupes rentraient de manœuvres au bruit inattendu du fifre prussien, dont la présence s'explique par le grand nombre de déserteurs allemands que comporte la légion étrangère. Nous voyons bientôt arriver avec force démonstrations d'amitié et d'excuses des membres de l'Union Chrétienne, qui nous fournissent tous les renseignements voulus concernant la réunion du soir et nous mènent voir le local de l'Association, une misérable paillotte annamite dont les soldats paient eux-mêmes le loyer et qu'ils ont meublée de leurs mains ; ils ont une bonne bibliothèque très lue et réclament sans cesse des livres et revues.

Visite ensuite au lieutenant Dezé et au colonel Brandzau, vrai soldat d'Afrique, un peu bourru, mais aimant profondément ses soldats dont il est très fier; très reconnaissant de tout ce que l'on fait pour leur bien-être moral, il nous offrait de faire annoncer notre réunion à tout le quartier. Quel contraste étrange et agréable avec ce que nous sommes habitués de voir en France, où il semble qu'il faille se cacher pour parler de Dieu à nos soldats, comme si on accomplissait une mauvaise action. Le patron de l'hôtel avait mis une salle de son établissement à notre disposition, et c'est là qu'à 6 h. 1/2, entre un billard et une scène de théâtre grossièrement enluminée, nous vîmes arriver une quarantaine de braves troupiers dont chacun successivement vint nous serrer la main énergiquement ; bon nombre de ces soldats avaient la médaille militaire soit du Tonkin, soit de Madagascar; plusieurs avaient été blessés ; ce n'est pas ici le moment de philosopher sur la question du militarisme, mais vraiment, en parlant avec ces braves gens, simples, naïfs, francs et ouverts, qui ont certainement de grands vices, sont de grands enfants, mais qui possèdent d'admirables qualités de générosité et d'endurance, je ne pouvais que déplorer une fois de plus les théories antimilitaristes dont on nous abreuve. Et quelle attention soutenue quand on leur parle ; on a beau n'être doué que d'un médiocre talent d'orateur, ils n'en approuvent pas moins vos paroles, applaudissent, hochent la tête ; ils ne sont pas blasés ; on sent qu'on leur fait un bien immense en leur apportant une parole d'affection et d'encouragement. L'Union Chrétienne a une chorale et en notre honneur furent exécutés des chœurs allemands vraiment réussis. Un seul civil, avec lequel nous liâmes conversation, la réunion terminée ; c'est un protestant qui, après avoir quitté la légion étrangère, est resté dans le pays et s'est fait une bonne situation dans l'administration des douanes ; il est la providence de l'U. C. Ce brave Monsieur, tout heureux de notre visite, voulut absolument nous payer à dîner.

Le lendemain matin, à l'aube, nous reprenions le train pour Hanoï. Nous arrivâmes pour l'heure du déjeuner ; après la sieste obligatoire, très intéressante visite à l'Ecole française d'Extrême-Orient. C'est une école de langues orientales et c'est aussi un point de départ d'explorations et d'études ethnographiques, artistiques, etc... de tout l'Orient. Sous la conduite du professeur de japonais dont nous avions fait la connaissance sur l'*Ernest-Simons,* nous visitâmes le musée des bronzes, de la céramique, de la porcelaine ; puis nous admirâmes, de confiance, la grande Encyclopédie chinoise en 20 mille volumes ; l'édition que nous avions sous les yeux n'est qu'une réduction de l'édition originale, dont il existait un exemplaire dans la collection du prince Tuan, le grand chef des Boxers. Comme punition personnelle des méfaits du dit prince, un certain M. Charpentier qui se trouvait justement à Pékin pour le compte de l'école française au moment du siège des légations, lui confisqua la dite Encyclopédie, qui a été expédiée à Hanoï. Le cadeau plutôt encombrant de 20 mille volumes, in-folio, a été transféré à Paris et on a installé pour la dite Encyclopédie des salles spéciales à la Bibliothèque Nationale. Cet exemplaire est le seul complet existant en Europe.

Pour achever la journée, dîner de gala chez les de St-André avec le général Biel, commandant en chef du corps d'occupation et sa femme. Ce général est protestant et ne s'en cache pas.

Ce matin à neuf heures, nous reprîmes, toujours conduits par notre cicerone pasteur, la visite de la ville et de ses environs : pour commencer, inspection de la pagode des Corbeaux, à l'usage des lettrés. Sur l'autel, pas le moindre Bouddha ; on arrive à cette pagode après avoir traversé trois cours délabrées, mais ombragées d'admirables arbres ; l'une de ces cours est tout entourée de stèles de pierre, surchargées de caractères annamites et reposant chacune sur une énorme tortue de granit, symbole de l'éternité. Tout dans ce lieu porte à la rêverie et à la méditation : c'est bien l'asile du sage.

A noter à ce propos que les pagodes ne sont pas des temples dans le sens que nous attachons d'ordinaire à ce mot en Occident. Il n'y a pas de prêtres qui y soient spécialement attachés, pas de cérémonies à jour fixe, aucune organisation ecclésiastique ; les pagodes sont des lieux de dévotion ouverts à tout venant où chacun va faire sa prière et déposer son offrande comme bon lui semble ; le seul prêtre permanent est le chef de famille et le véritable culte est celui des ancêtres qui se pratique dans l'intérieur des demeures familiales ; à bien des égards, on peut dire que le bouddhisme est la religion du sacerdoce universel.

Notre promenade nous conduit dans la banlieue d'Hanoï ; nous visitons entre autres la tombe d'Henri Rivière, commandant de vaisseau, tué par les Chinois au moment de la guerre du Tonkin (1879-80) ; la tombe est érigée à l'endroit même où il est tombé.

10 mars.

Voilà le premier dimanche que nous passons à terre depuis le 3 février et j'éprouve une vraie jouissance à assister à un véritable culte au temple d'Hanoï, qui est en général bien peu fréquenté par l'élément civil. Il y a environ 300 protestants ici ; une cinquantaine seulement en moyenne sont des auditeurs réguliers. Aujourd'hui, à l'occasion du départ de M. de St-André pour la France et de ses adieux, les bancs étaient presque pleins, mais la moitié au moins des assistants étaient des soldats ; l'œuvre militaire est certainement la partie la plus intéressante de l'activité pastorale au Tonkin. Avant la prédication, et pour répondre à la demande du pasteur, j'ai, en quelques minutes, plaidé la cause des U. C. puis après le culte, réunion dans la sacristie ; les soldats nous ont remis, à J. de P... et à moi, une photographie de l'U. d'Hanoï avec une belle dédicace ; c'était une jolie conclusion de l'intéressante réunion que nous avions eue la veille.

Hier soir, dans la salle de l'Union Chrétienne et dans le jardin du presbytère y attenant, on avait accroché de belles lanternes vénitiennes aux feuilles des bananiers et nous eûmes autour de nous environ 60 soldats ; à ceux d'Hanoï s'en étaient joints une quinzaine de Viétry, d'autres étaient venus de Dong-Dan ou d'ailleurs ; M. Bonnet était monté d'Haïphong, bref, toute l'œuvre du Tonkin était représentée ; les chants alternèrent avec un rapport très bien tourné du Secrétaire de l'Union d'Hanoï : limonade, gâteaux, gramophone, etc. Très bonne soirée qui aura laissé, je l'espère, de bonnes impressions ; mais, comme ailleurs, le difficile est de dépasser la surface et d'atteindre véritablement le cœur et la conscience.

CHAPITRE TROISIÈME

Les Côtes de Chine. Hong-Kong. Canton. Macao

14 mars.

C'est sur mer que je commence le nouveau feuillet de mon journal de voyage, en route pour Packoï ; le voyage d'Haïphong à Hong-Kong, qui nous apparaissait comme devant être fait dans des conditions particulièrement inconfortables, se présente, au contraire, comme très facile. La *Mathilde* est un cargo-boat, frété par une Société allemande, pour faire le cabotage entre les ports du sud de la Chine ; le capitaine et les officiers sont Allemands ; et l'équipage, entièrement chinois. Nous sommes, J. de P... et moi, les deux seuls passagers, et avons chacun la jouissance d'une magnifique cabine, toute propre et toute neuve, avec un beau canapé de velours rouge et deux hublots dans deux directions différentes. J'ai très confortablement dormi la nuit dernière ; nos deux cabines ouvrent sur la petite salle à manger, où nous déjeunons avec le capitaine et deux officiers, et qui, entre les repas, devient notre propriété exclusive pour lire, écrire, etc. Nous nous croirions à bord d'un yacht, n'étaient les deux mille tonnes de marchandises que nous transportons et les nombreux Chinois que nous contemplons du haut de la dunette du capitaine.

Nous avons aussi à bord une passagère, une lamentable hindoue du Malabar qui, hier, voulait absolument, au moment où le bateau s'ébranlait, redescendre à terre ; nous avons compris qu'elle attendait son mari qui ne venait pas ; renseignements pris, le dit mari n'avait pu obtenir son passeport et avait fait embarquer sa femme dans l'espoir de pouvoir monter sans passe-port ; ce projet n'avait pas réussi, et voilà comment nous nous trouvions avoir à bord une pauvre gémissante veuve du Malabar avec un bébé sur les bras, les dits bras couverts jusqu'au coude de magnifiques bracelets et, à l'oreille gauche, une énorme faucille d'argent ; on l'a remisée dans une cabine et nous ne l'avons plus revue.

Notre bateau leva l'ancre à 3 heures ; nous avions été accompagnés à bord en sampan par les deux cousins Bonnet, qui nous avaient reçus à déjeuner. Avant notre départ d'Haïphong, nous avions été au train d'Hanoï, prendre congé de M. G..., qui allait se remettre dans la capitale d'un accès de fièvre ; nous l'avons trouvé très misérable et grelottant ; la fièvre paludéenne est en général causée par un moustique, qui sert de véhicule au virus, aussi les moustiquaires sont-elles ici des objets de première nécessité à l'abri desquels, dans cer-

HAÏPHONG. — *La Rivière*

taines localités, non seulement on dort, mais encore on mange.

Avant d'aller plus loin, je reviens au Tonkin pour vous raconter notre visite à Lang-Son et à la Porte de Chine. Partis d'Hanoï de grand matin, nous arrivions, après un voyage de 6 heures, à Lang-Son. Après la traversée du Fleuve Rouge sur le beau pont Doumer, on entre dans des vallées que forment les contreforts de la grande chaîne de l'Hymalaya ; montagnes ou plateaux ont des formes extraordinaires ; elles semblent n'avoir pas d'épaisseur ; les reliefs manquent, on les dirait absolument verticales, telle une feuille de carton découpée et plantée en terre et avec cela couvertes d'une végétation intense jusqu'au sommet. Le train suit les sinuosités d'une vallée où se rencontrent de grands troupeaux de buffles et quelques misérables villages *tho* (les *tho* sont les Annamites montagnards encore plus ou moins sauvages et reconnaissables à leur vêtement uniformément bleu.) Nous déjeunons rapidement à Lang-Son, et nous reprenons le train pour Dong-Dan, point terminus du chemin de fer, et dernier poste français avant la frontière de Chine.

A la gare, nous trouvâmes le capitaine Clair, chef du détachement, venu pour nous attendre avec son lieutenant et qui confia à ce dernier le soin de nous escorter jusqu'à la Porte de Chine ; nous comptions trouver une voiture que M. de Saint-André avait commandée pour nous, mais tous les équipages avaient dû être envoyés en relai sur la route jusqu'à Kao-Bang dans l'attente du Gouverneur général, M. Beau ; le dit Gouverneur, quoiqu'annoncé, n'avait pas encore paru ; mais la mobilisation des chevaux et voitures n'avait pas moins été faite et nous dûmes nous contenter de pousse-pousse tirés et poussés par deux indigènes, tandis que le lieutenant enfourchait sa microscopique monture annamite ; nous arrivâmes ainsi, sous un soleil torride, après avoir serpenté le long de collines dénudées, à la frontière chinoise, à 4 km. La région que nous traversons a été illustrée par de sanglants combats entre Chinois et Français au moment de la guerre du Tonkin ; c'est là que le général Négrier, blessé, dut abandonner le commandement à un colonel qui, pris de panique, battit en retraite, alors que les Chinois, affolés eux aussi, faisaient de même. Vous voyez d'ici ces deux ennemis s'enfuyant dans des directions opposées, chacun persuadé que l'autre le poursuit. C'est cet événement de guerre survenu en 1884 qui amena en France la chute du Ministère Jules Ferry et une orientation nouvelle dans la politique extérieure française ; une fois de plus, il fut prouvé que les petites causes ont souvent de grands effets.

La Porte de Chine est une vraie porte qui ressemble de loin, avec ses murailles crénelées, longeant toute la ligne frontière, à un joujou d'enfant ; on s'attend à voir des soldats de plomb bien sages avec leur petit fusil sur l'épaule. Les soldats sont bien réels, en chair et en os, mais ce sont des êtres déguenillés, qui ne se distinguent que par une estampille rouge sur la poitrine et un vieux fusil qu'ils portent en général comme un manche à balai. Nous franchissons la porte et nous voilà en Chine, ayant devant nous un mur en pierre et, derrière, le corps de garde. La seule chose remarquable dans cet établissement, est une affiche de gymnastique suédoise, les mouvements dessinés par de petits bonshommes qui ont l'allure de soldats japonais. A peine entrés en Chine, nous constatons la pénétration de l'influence japonaise ; il est bien probable que nous en verrons d'autres exemples en cours de route. Nous présentons nos devoirs à l'agent des douanes de l'endroit, qui parle fort bien le français ; des mauvaises langues disent que c'est un vulgaire Annamite qui s'est affublé d'une queue postiche. Il paraît prouvé, en tout cas, qu'il s'est fait des rentes en faisant de la contrebande du côté français, tout en étant du côté chinois un douanier rigide. Le dit douanier nous reçoit avec force salamalecs, nous fait entrer dans sa demeure ornée de sentences pieuses en chinois ; il nous offre de la bière de la Marne et des cigarettes d'Algérie.

Rentrés à Dong-Dan à 4 heures, le capitaine Clair nous fit les honneurs du casernement de sa compagnie. Ce brave capitaine est un vrai père pour ses soldats ; il a organisé pour eux une belle salle de lecture avec des meubles en bambou ; nous rencontrons, flânant sur la table, des publications de la Société des traités religieux ; les murs sont peints par les artistes amateurs de la compagnie ; un coin du lac de Genève avec une voile déployée est vraiment d'une fidélité parfaite et de très bonne exécution. Nous avisons dans cette chambre un légionnaire qui va être rapatrié et qui entasse ses affaires dans une malle en bois de camphrier et munie d'une serrure chinoise ; chaque fois qu'on donne un tour de clé, un timbre résonne : délicate attention à l'égard de MM. les cambrioleurs !

Nous regagnons Lang-Son au coucher du soleil et nous avons de suite dans la salle d'école annamite une réunion avec 12 braves troupiers qui, de même que leurs camarades des autres postes, nous manifestent toute la satisfaction qu'ils ont à nous voir. Pour achever la journée, dîner avec le lieutenant L... et deux de ses camarades. Nous nous couchâmes de bonne heure, devant prendre de grand matin le train pour Hanoï.

15 mars.

L'escale de Packoï, que je prévoyais quelconque, a été, au contraire, des plus intéressantes. C'est à 11 heures du matin hier, que nous sommes arrivés en vue de ce petit port de pêche, qui n'est fréquenté qu'une ou deux fois par semaine par des vapeurs, mais que remplit une multitude de sampans. Une population de 50 mille âmes grouille dans ce village bordé d'une immense plage de sable ; çà et là émergent quelques édifices en pierre qui sont les consulats étrangers. Une fois la grosse chaleur du jour passée, nous mettons pied à terre et pénétrons dans une rue chinoise large de deux mètres, dallée, et exhalant une odeur faite d'un mélange de laque et de poisson pourri ; de chaque côté, des boutiques offrant les produits les plus variés et les plus disparates. A côté d'un marchand de laque, un bazar qui ressemble à tous les bazars du monde, avec les jouets d'Europe les plus variés, entre autres des petits chemins de fer à 0,95 arrivant en droite ligne de Berlin ; dans l'angle de chaque maison, un petit autel à Bouddha ; dans la rue, une foule variée de traîneurs de brouettes, de coolies, un bambou sur l'épaule chargé à chaque bout d'un seau au liquide mal odorant.

Notre objectif était le Consulat de France, où nous désirions présenter nos devoirs à notre agent diplomatique. Un Chinois, baragouinant un peu d'anglais, nous indique la route à suivre et nous nous engageons dans une rue bordée d'immenses terrains sur lesquels sèchent des débris de poisson destinés à l'engrais. Je vous laisse à juger de l'odeur ; au bout de cette rue, nous avisons une porte couverte de caractères chinois, d'apparence propre et ouvrant sur un jardin bien tenu ; nous entrons pour demander notre route et nous trouvons nez à nez avec une bicyclette et sa propriétaire, brave miss anglaise entre deux âges, qui nous apprend que nous sommes sur le domaine de la Mission anglaïse de Packoï, dépendant de la « Church Missionary Society » de Londres ; la digne miss manifeste une joie exubérante en apprenant que, quoique Français, nous sommes de braves protestants, et nous entraîne vers l'édifice principal pour nous faire faire la connaissance du Directeur de la Mission ; c'est ainsi que quelques minutes plus tard, après avoir longé un « court » impeccable de lawn-tennis, nous passons sans transition de la ville chinoise, avec son originale saleté, dans le plus propre et le plus confortable des homes anglais, au milieu d'une société de jeunes hommes et de dames anglaises en fraîches toilettes, en train de déguster du thé et d'excellents cakes ; comme décor, un salon aux meubles confortables ; sur le sol, un tapis de Smyrne ; aux murs, des tableaux et des textes bibliques ; la porte-fenêtre s'ouvre sur une verte pelouse parsemée de corbeilles de fleurs ; la vie de ces gens-là ne nous a pas paru austère ; nous avons appris plus tard que la femme du Directeur médical de la Mission est fille d'un grand chocolatier anglais, bien connu par ses institutions philanthropiques ; c'est dire que la « galette » ne doit pas manquer. Quand pourrons-nous offrir à nos missionnaires du Zambèze ou du Congo un pareil confort ? Du reste, nos hôtes paraissent bien à leur affaire et, autant qu'il est permis d'en juger par une visite sommaire, ils accomplissent ici une œuvre des plus intéressantes. Un premier corps de bâtiments comprend des écoles de filles et de garçons ; les filles sont principalement des vieilles femmes chinoises qui viennent passer trois mois pour apprendre à lire ; plusieurs étaient en train d'étudier lorsque nous sommes entrés dans leur salle, et je n'oublierai pas leur joyeuse expression et leur sourire en voyant les missionnaires ; quelques-unes seulement sont chrétiennes, mais l'air ambiant agit et ici la Mission est si appréciée que l'on y vient de plusieurs centaines de kilomètres à la ronde.

Plus loin, c'est la léproserie avec quartier des hommes et quartier des femmes ; ces malheureux sont beaucoup moins pénibles à voir que je ne l'aurais supposé ; les femmes font de la dentelle et cultivent un jardin potager ; les hommes font de la ficelle ; deux lépreux conduisent la petite imprimerie de l'endroit qui imprime, pour l'usage de la Mission, la Bible en caractères phonétiques ; l'ouvrage de chacun lui appartient ; de temps en temps, il est autorisé à aller le vendre à la ville. Plus loin, c'est un dispensaire muni des appareils modernes les plus perfectionnés ; des salles d'attente où l'on fait un culte aux patients qui attendent l'heure de la consultation ; enfin, pour finir, visite à l'église, vaste édifice genre anglais, qui peut contenir 400 personnes et qui, paraît-il, est plein tous les dimanches ; tout à côté, une salle où les fidèles se réunissent avant le culte pour prendre la minuscule tasse de thé sans laquelle aucun acte de la vie ne s'accomplit, tout en accompagnant cette opération de nombreux « tchin-tchin », salutation chinoise. Pendant que nous étions dans l'église, une cloche tinta ; c'était l'heure du culte du soir,

PACKOÏ. — *L'embarquement des cochons*

et de loin, nous entendîmes le chant des cantiques. Nous étions sur la terre de Chine, le peuple qu'on se figure comme le plus immobile, le plus figé, le plus inaccessible au monde et cependant l'Evangile y garde toute sa puissance, il y fait des conquêtes.

Conduits jusqu'au bord de la mer par nos aimables cicerones, nous regagnâmes, en sampan, notre « *Mathilde* » qui leva l'ancre à 6 h. 1/2. A bord, des passagers nouveaux : un jeune Chinois, gommeux, sans tresse et vêtu de soie, le consul d'Allemagne et..... 500 cochons. L'embarquement et l'arrimage de ces utiles animaux ne manque pas de pittoresque. Chaque cochon est enfermé dans une espèce de corbeille en vannerie, semblable, sauf les dimensions, aux bourriches dans lesquelles on met les plantes qu'on transporte au marché ; au moyen de la grue du navire, les dites bourriches sont enlevées deux par deux comme d'énormes saucissons sur le pont du navire ; au moment de l'enlèvement, les animaux font un bruit terrible, mais aussitôt remis à terre, ils se calment et s'endorment jusqu'à Hong-Kong.

Nous venons de passer une nuit très paisible avec un peu de brouillard ; nous arriverons à 11 heures à Hoï-Han, notre seconde escale avant Haïnan où, pour les besoins du commerce, nous devons séjourner une trentaine d'heures. Nous avons hâte d'être à Hong-Kong.

16 mars.

Je ne sais quand, hélas! nous arriverons à Hong-Kong. Nous voici « collés », si j'ose parler ainsi de l'élément liquide qui nous entoure, en rade d'Hoï-Han, à 3 kil. du rivage, au milieu de la pluie et du brouillard, attendant qu'il plaise à la mer et au vent de s'apaiser suffisamment pour que les jonques qui doivent faire le transbordement des marchandises puissent aborder le navire. Hier, nous sommes restés à l'ancre, immobiles dans notre grandeur solitaire ; aucune jonque ne se hasardant à quitter le rivage ; seul notre compagnon de route, le consul d'Allemagne, a débarqué lorsque la mer était encore assez calme ; il nous proposait de l'accompagner ; nous avons bien fait de refuser, nous n'aurions pu réintégrer notre gîte hier soir ; nous passons notre temps à faire des patiences, des parties de piquet ou à mettre à jour la correspondance, ou encore ce sont d'interminables discours, en allemand, du capitaine auxquels je ne comprends pas grand'chose. Nous avons pris hier soir une leçon franco-chinoise avec notre jeune Céleste qui ne savait absolument que sa langue ; nous lui montrions un objet, il nous le nommait en chinois et nous tâchions de reproduire le son qui sortait de ses lèvres ; nous avons ainsi augmenté notre bagage de connaissances de 13 mots chinois et lui d'autant de mots français.

Ce matin, le vent continue à faire rage, la mer

est houleuse et nous rongeons notre frein, regrettant de ne pouvoir envoyer dans les flots, comme les Gadaréniens, les cochons, grâce auxquels nous ne pouvons continuer notre route.

17 mars.

Toujours la même situation ; le vent continue à souffler et tout l'équipage chinois passe son temps à ne rien faire. Quelques cochons meurent, on les jette à l'eau, au grand désespoir de leur propriétaire pour lesquels chacun représente une pièce de 100 fr. environ. Nous voilà à dimanche ; rien ne le distingue des autres jours ; nous allons bientôt prendre notre déjeuner, avec beaucoup de saucisses, des choux et du pain noir.

Je commence à me demander si nous arriverons à temps pour la conférence de Tokio ; mais il est humainement impossible de précipiter les événements ; le capitaine est furieux.

18 mars.

Nous nous réveillons ce matin avec du vent et une grosse mer ; tout nous faisait présager plusieurs jours d'arrêt obligatoire ; la situation devenait véritablement angoissante pour nous ; le déjeuner du matin fut tristement absorbé, lorsque, ô bonheur ! nous vîmes le pavillon de partance monter au haut du mât d'un bateau, à deux cents mètres de nous, car il faut dire que dans cette maudite rade s'égrène toute une petite flotte de bateaux aussi mal partagés que nous ; nous décidons que, coûte que coûte, il faut nous embarquer sur le bateau en partance ; mais la difficulté est de faire connaître notre désir au capitaine de l'autre bord et ensuite opérer notre transbordement ; les sampans chinois qui peuvent établir les communications ne sont pas nombreux et avec cette grosse mer ceux que nous hélons font la sourde oreille ; nous passons une demi-heure de véritable anxiété ; enfin, voilà un sampan qui accoste ; un officier de la « *Mathilde* » demande au capitaine de l'autre bord s'il peut nous recevoir ; au bout d'une demi-heure, il revient ; bravo ! on nous accepte ; nous ne sommes pas longtemps à terminer nos préparatifs et prenons congé de notre capitaine et de son équipage.

Le transbordement n'a pas été une petite affaire et il a fallu appeler à notre aide toute notre vieille science de gymnastes pour descendre comme des chats le long de cordes mouillées et pour entrer dans nos sampans, fortement secoués par de grosses vagues ; puis, au moment de l'accostage, accrochés des pieds et des mains au-dessus des flots écumeux, la main vigoureuse d'un matelot nous enleva et nous déposa sur le pont de notre nouveau domicile. Enfin, nous sommes saufs, sans dommages ni pour nos personnes ni pour nos bagages, sauf quelques aspersions de vagues. Les Chinois sont de très bons matelots ; ils manœuvrent admirablement leurs barques.

Le capitaine, un brave Norvégien, nous accueillit fort poliment ; notre nouveau bateau est encombré d'une nombreuse variété de bêtes : des cochons, des bœufs, des buffles, des poules, des coqs : une vraie ménagerie bruyante ; le pont en est couvert ; on a de la peine à circuler et à chaque pas, on heurte quelque grouin de porc passant à travers les trous de son cylindre en osier. Demain, ô bonheur ! si tout va bien, nous serons à Hong-Kong à temps pour prendre le *Polynésien.*

Nous venons de déjeuner ; le capitaine, qui parle anglais, nous a raconté des tas d'histoires et nous montre avec orgueil des gravures qui représentent le couronnement du roi Haakon. Il est 2 heures et demie ; hourrah ! nous partons. Pourvu que le brouillard ne nous joue pas un mauvais tour ; le baromètre a monté, mais à l'inverse de ce qui se passe dans le reste du monde, ici c'est mauvais signe. Ce qui donne bon espoir à notre capitaine, c'est qu'il n'a pas embarqué un missionnaire, dont on lui avait annoncé l'arrivée possible ; une tradition constante chez les marins, c'est que les missionnaires à bord portent toujours malheur au bateau ; pauvres missionnaires !

19 mars.

Nous avons dû passer la nuit dans une petite baie solitaire à la sortie du détroit d'Haïnan ;

on ne peut effectuer cette sortie que de jour, car elle est très dangereuse et redoutée des navigateurs. Dieu merci, elle s'est bien effectuée sans encombre, ce matin entre 6 et 8 heures ; mais on se rend compte du danger aux lignes de bouées qu'il faut suivre et qui montrent le chenal entre des bancs de sable et une ligne de récifs où l'on distingue, ci et là, hors des flots écumants, les mats de bateaux naufragés. La mer est agitée en tous sens comme l'eau d'une chaudière et nous avons fortement dansé. Nous voguons maintenant sur la Mer de Chine ; le bateau danse toujours, mais au moins nous sommes en eau profonde. Nous passons notre temps soit sur la passerelle, soit dans l'étroite salle à manger qui nous sert aussi de dortoir, et où nous avons dormi tant bien que mal sur des canapés.

20 mars.

Voci la terre, dans 4 heures nous serons à Hong-Kong ; nous passons en ce moment en face des îles Ladrones et voyons défiler un grand nombre de jonques chinoises qui plongent du nez dans la mer.

21 mars.

Nous arrivâmes hier, à 2 heures et demie, à Hong-Kong, pilotés par un petit Chinois gringalet, qui grimpa comme un singe pour passer de sa légère embarcation à notre bord. L'immense rade est merveilleuse, surmontée par l'énorme « peak » sur lequel, jusqu'à une hauteur de 600

DANS LA MER DE CHINE. — *Une jonque*

mètres, s'étagent des constructions de toutes sortes, villas, églises, casernes. La partie plate au bord de la mer n'a guère plus de 400 mètres de large et encore a-t-on dû conquérir des terrains au moyen de digues. Sur la rade, une incroyable quantité de vapeurs, petits et grands, venant de tous les coins du monde : à côté du steamer du Pacific mail, arrivant de San Francisco, en voici un se préparant à partir pour l'Europe ; un autre est en route pour Tien-Tsin et Port-Arthur ; 5 ou 6 navires de guerre parmi lesquels je reconnais deux français. Au milieu de tout cela, un indescriptible tohu-bohu de jonques et de sampans de toutes dimensions ; notre cargo est assailli par un tas de Chinois qui grimpent à bord de tous les côtés ; ce sont les employés des hôtelleries qui veulent s'assurer la clientèle des 200 compatriotes qui sont sur notre bord ; nous avons peine à nous frayer un passage pour nos bagages et pour nous, pour arriver jusqu'à la chaloupe du capitaine du port, qui nous y offre l'hospitalité pour aller à terre ; nous avons de la peine à trouver de la place dans les hôtels très pleins ; notre logis est du reste peu propre. A peine sortis de nos déballages, nous allons rendre visite aux Messageries Maritimes pour avoir des nouvelles du *Polynésien* ; mauvaises nouvelles, du reste ; il n'arrivera ici que lundi matin 25 ; nous ne pourrons donc être à Tokio que le 2 avril ; c'est de la déveine persistante, mais rien à faire : plaise au ciel que nous n'ayons pas de nouveau retard !

Le jeune homme qui nous reçoit au bureau des Messageries se trouve être un ancien unioniste de Marseille qui m'y a vu et qui connaît très bien Geisendorf ; décidément, le monde est petit. Il nous offre de nous faire inscrire comme visiteurs au Hong-Kong Club et le soir même, nous nous y présentâmes à l'heure du dîner, revêtus d'un impeccable *smoking*, mais nous devons constater, à notre confusion, que nos noms ne sont pas sur la liste : nous sommes obligés de battre en retraite et d'aller chercher pitance ailleurs.

Le soir, en bons unionistes, nous nous précipitâmes vers le local de l'Union Chrétienne, dont nous avions vu l'enseigne éclatante au cinquième étage d'une grande et belle maison ; c'était la branche chinoise. Nous fûmes reçus par un jeune Céleste à la figure épanouie et aimable ; le Secrétaire était absent et nous ne pûmes voir que les salles, très vite du reste. Seuls, quelques joueurs de billard (le billard est ici la grande attraction) : même solitude à la branche européenne où nous nous rendons ensuite. Nous y sommes reçus par un jeune membre actif anglais, avec lequel nous causons longuement de l'œuvre, ainsi qu'avec un pasteur, le chapelain des troupes, dont la bouche est munie d'une pipe gigantesque ; il nous explique que l'Union n'a été lancée à Hong-Kong que deux ans auparavant, et que l'œuvre est très difficile par suite de l'état de démoralisation de la ville et du fait que les jeunes gens, en été, pour combattre la chaleur, ont l'habitude constante de boire des boissons alcooliques ; l'Union n'en vendant pas, les jeunes gens fréquentent d'autres clubs. Il y a une quinzaine de chambres à coucher toutes occupées ; le prix est d'environ 100 fr. par mois, l'étage qu'occupe l'Union est au quatrième d'un immense immeuble représentant un loyer de 30.000 fr. ; tout est aussi cher ; nous nous en apercevons au prix de notre mauvaise chambre : environ 12 fr. par jour, sans la nourriture.

Pour diminuer un peu ces frais et en même temps pour nous élever au-dessus des fumées de la ville, nous allâmes chercher une pension dans une villa indiquée par le jeune homme des Messageries ci-dessus nommé ; nous trouvâmes ce qu'il nous fallait ; le difficile fut d'y transporter nos bagages ; ce ne fut qu'après maintes péripéties et d'interminables palabres que dix coolies réquisitionnés s'emparent de nos malles et les transportent, accrochés à un énorme bambou porté aux deux extrémités.

On ne se figure pas le rôle extraordinaire que dans la vie du Chinois joue le bambou. Quand il est jeune, on le mange, quand il est plus âgé, on en fait des meubles ; avec les plus gros, on fabrique des maisons.

A noter, aussi, que tous les transports se font à dos d'hommes ; après avoir bien cherché, j'ai découvert ici un seul et unique cheval. Ce matin, sur le port, je contemplais 8 Chinois avec leurs inévitables bambous, portant une gigantesque pierre de taille de plusieurs tonnes ; le Chinois, non seulement traîne son semblable dans des pousse-pousse, mais il le porte aussi, et nous avons employé ce matin un nouveau mode de locomotion : la chaise à porteurs, en bambou naturellement, est supportée par deux longues perches, aux extrémités desquelles on place un Chinois ; ce mode de locomotion est de toute nécessité étant donné la raideur des pentes qui escaladent le « peak ».

Nous venons de « tiffiner » à notre nouveau domicile et allons profiter de nos loisirs forcés pour visiter Canton. Tout le monde s'accorde à dire que c'est la plus merveilleuse ville de Chine ; nous nous embarquerons ce soir sur un steamer qui fait le trajet en une nuit.

24 Mars.

Si je n'ai rien écrit ces deux derniers jours, c'est que notre temps a été absolument rempli par nos deux visites à Canton et à Macao qui nous laissent des souvenirs extrêmement intéressants.

Donc, jeudi soir, des « sedan chairs » nous transportent à bord du « *Fatshan* » qui levait l'ancre à 10 h. 1/2 à destination de Canton. Ces bateaux sont d'immenses steamers à plusieurs étages avec des cabines vastes et confortables.

Installés à l'avant sur des fauteuils en osier, nous eûmes tout le loisir d'admirer la baie d'Hong-

Kong qu'on traverse dans toute sa longueur avant d'arriver à la rivière de Canton ; derrière nous, s'effaçant peu à peu dans la nuit, une extraordinaire

L'entrée de la rivière de Canton

fantasmagorie de lumières qui scintillent le long des routes du peak et trouent la masse verte des feuillages ; les quais bordés de lanternes chinoises ressemblent à quelque gigantesque collier de pierres précieuses ; les lumières des paquebots que le déplacement de notre bateau faisait ressembler à des étoiles filantes : tout cela formait une magie de couleurs dignes du plus beau feu d'artifice.

Devant nous, la côte découpée comme celle des fiords de la Norvège, parsemée de petites îles éclairées par les reflets de la lune ; à nos côtés, les jonques aux grandes voiles glissant silencieusement sur la mer phosphorescente aux lueurs d'opale... Je n'oublierai jamais cette nuit-là.

Vers minuit, nous allâmes nous étendre dans d'excellentes couchettes, pour nous réveiller vers 6 h. 1/2 au bruit de rames, de sifflets. Nous arrivons à Canton, noyée dans la pluie, qui, heureusement, se dissipe peu à peu après notre arrivée.

Lestés d'un copieux déjeuner, nous nous préparâmes à notre expédition, car c'en est une que la visite de Canton. D'abord, comme l'on ne peut revenir à bord et qu'il n'est pas question de trouver de restaurant dans la ville chinoise, il faut emporter son tiffin, en second lieu, un guide est de toute nécessité. Le nôtre, retenu d'avance par dépêche, se présenta à nous sous l'aspect d'un Chinois vénérable, aux lunettes d'or, au regard bienveillant, qui consentit à nous trimbaler pendant toute la journée et à nous faire voir tout ce qu'on pouvait voir ; nous nous installâmes dans trois chaises à porteurs, seul mode de locomotion possible, et qui devaient nous voiturer de 8 heures du matin à 5 heures du soir. Pauvres coolies ! à ce métier, chacun gagne 30 sous par jour.

Et maintenant, que n'ai-je la plume d'un Victor

CANTON. — *Les chaises à porteurs*

Hugo ou le crayon d'un Callot pour vous décrire dignement cette incroyable ville de Canton, peuplée de 500.000 âmes, ayant presque la superficie de Paris et dont les rues sont, sans exception, d'étroites ruelles, sans une place ; dès qu'on a fait 200 mètres dans ce labyrinthe, on se sent irrémédiablement perdu ; on pourrait errer des jours et des jours dans ces dédales sans fin ; le sol est fait de larges dalles que des détritus jamais balayés recouvrent d'un tapis gras et humide. Cependant, chose étrange, l'odeur n'est pas trop déplaisante ; dans ces ruelles, un fantastique mouvement de population ; nos porteurs passent leur temps à crier pour se faire de la place. Nous ne rencontrons pas un seul Européen ; de distance en distance, de grandes grilles qu'on ferme tous les soirs, de manière à isoler les quartiers les uns des autres et à empêcher les émeutes de se généraliser.

Toutes les maisons ont des boutiques sans portes ni fenêtres, et offrant leur étalage varié sous des immenses écriteaux multicolores ; c'est à peine si entre les interstices on aperçoit les poteaux télégraphiques avec leur enchevêtrement de fils et leurs supports en porcelaine que les Chinois qualifient de tasses à thé.

Tous les métiers sont exercés à Canton ; à côté des magasins classiques de soieries, d'ivoire, on trouve de petits ateliers familiaux de forgerons, des menuisiers, des bijoutiers, des fabricants de cercueils, des armuriers ; il y a même le quartier des écoles et nous tombons en arrêt devant une grossière enluminure représentant côte à côte l'Empereur de Chine et M. Loubet.

A noter encore les marchands de poisson et coquillages et les barbiers, très nombreux ; le Chinois, si sale, se fait nettoyer toutes les parties de la tête avec un soin minutieux ; le curage des oreilles, en particulier, m'a paru une opération longue et délicate ; je remarquais un Chinois se livrant à cette opération avec le bout de sa longue queue.

Notre caravane, sur les indications de notre guide, s'arrêta devant plusieurs magasins ; c'était une invite à faire quelques emplettes et nous ne nous fîmes pas trop prier. Je garde en particulier le souvenir d'un bijoutier incrustant avec une patience déconcertante d'imperceptibles filaments de plumes chatoyantes dans des bijoux d'argent et leur donnant absolument l'apparence d'émail.

Nous visitâmes aussi plusieurs pagodes, en particulier celle des docteurs et celle des cinq cents génies, sorte de musée ; alignées sur des gradins, cinq cents statues de bois sculpté, un peu plus grandes que nature, aux expressions les plus variées ; les unes rient, les autres pleurent ; d'autres ont l'air de se payer la tête du visiteur ; tous ces génies représentent, soit un événement de la vie, soit une force de la nature ; il y a un génie pour chaque maladie ; il y a le génie de la lune, très reconnaissable à son bras deux fois plus long que son corps pour lui permettre d'aller accrocher au firmament la blonde Phébé. Devant chaque génie, un pot plein de terre où l'on fiche les petits bâtons d'encens allumés, que les dévots offrent au génie qu'ils veulent apaiser où dont ils veulent s'assurer les bons offices.

Nous demandons à notre guide de nous conduire visiter une autre pagode dont nous lui donnons le nom. « On l'a démolie, parce qu'on avait besoin » d'argent pour l'armée, nous répond-il ; on a vendu » de même les terrains sur lesquels étaient cons- » truites les cellules destinées aux examens des » lettrés ; on ne veut plus d'instruction, rien que » des soldats ; dans 10 ans, il n'y aura plus de let- » trés en Chine ; il n'y aura plus qu'une armée. » Et un hochement de tête désolé acheva cette sombre prédiction qui, de la part d'un Chinois, probablement un bachelier raté, appréciant de cette manière l'évolution rapide de la Chine, m'a paru assez caractéristique.

Je note au hasard quelques autre édifices dignes d'intérêt : le temple de Confucius, asile discret et paisible : un club chinois avec son minuscule jardin orné de petites pagodes de poupée : petite rivière, petite cascade, etc... etc..., datant de 6 à 700 ans ; un singulier clepsydre formé d'une série de 4 vases ; l'eau tombe goutte à goutte de l'un dans l'autre pour aboutir à un bassin où un ingénieux flotteur indique l'heure : la prison, où nous contemplons à travers les grilles en bambou des condamnés aux jambes entravées de lourdes chaînes ; une mosquée avec son minaret du XIVe siècle.

A 1 heure, nous « tiffinions » au 4e étage d'une vaste pagode située sur la muraille même qui entoure la ville : muraille délabrée comme tout le reste et ornée de vieux canons rouillés ; nous eûmes là une heure d'agréable repos, pouvant enfin

CANTON. — *La pagode du « tiffin ». — Notre guide*

respirer et jouir d'un peu de lumière sur le haut d'une colline, la butte Montmartre de l'endroit, qui nous permit de contempler l'océan des toits pressés s'étendant à l'infini ; derrière nous, des collines aux pentes couvertes d'innombrables petites pierres dressées : ce sont les tombes.

Reprenant nos pérégrinations, nous fûmes conduits par notre guide à la cité des morts. C'est une pagode accompagnée d'un immense dépôt mortuaire, témoignage curieux de ce respect des morts et de ce culte des ancêtres, si particuliers aux peuples à religion bouddhique. Qu'on se figure une quantité de petites rues, au sol couvert de dalles, bordées de pots de faïence de couleur avec toutes les variétés possibles de fleurs ; sur ces rues s'ouvrent de petites cellules partagées en deux par une cloison ; devant, ce sont les offrandes aux morts : une table, une chaise, une petite tasse de thé dont on renouvelle le liquide chaque jour, une soucoupe avec du riz. Dans la seconde pièce, le cercueil, énorme, en bois laqué et orné d'inscriptions ; pour quelques-uns, la couche de laque atteint 5 centimètres d'épaisseur et le cercueil seul vaut une quinzaine de mille francs ; cette ville des morts est le dépôt mortuaire provisoire des Chinois étrangers à Canton qui sont morts dans cette ville et qui attendent qu'on ait élevé dans leur ville natale un mausolée digne d'eux ; comme l'argent fait parfois défaut et que le mausolée est lent à se construire, le cercueil reste ainsi exposé pendant plusieurs années. Au détour d'une rue, nous entendons des cris déchirants et des lamentations : ce sont des parents qui exhalent leur douleur auprès d'un cercueil fraîchement apporté. Nous croisons un Céleste chargé d'une quantité de victuailles, et en particulier d'un cochon tout entier, fort appétissant sous sa couche brillante : c'est une offrande au mort ; après l'offrande, on mangera en famille tous ces aliments. L'usage veut aussi qu'on fasse des modèles en papier de tous les objets familiers au défunt, jusqu'à sa chaise à porteur grandeur naturelle ; (j'en ai vu un spécimen dans un coin), on expose tout cela pendant 3 jours devant le cercueil, puis on en fait un grand autodafé.

En sortant de ce lieu, nous croisons un jeune et élégant Chinois dans sa somptueuse chaise à porteurs, tout de blanc vêtu (la couleur de deuil) et venant vénérer un parent mort.

Nos pas nous conduisirent à travers la ville tartare, reconnaissable à l'absence de boutiques et caractérisée par ce fait que tous les hommes valides sont soldats ; ils ne portent du reste leur uniforme que dans les grandes occasions et ont l'air, au repos, de bons bourgeois placides. En général, du reste, les Chinois offrent l'aspect de fort braves gens à l'air gai et content, vaquant avec diligence à leurs petites occupations. Les gros marchands vous reçoivent dans leur boutique avec force salamalecs et vous accompagnent à la porte alors même que vous n'avez rien acheté.

Enfin, à 5 heures, un peu ahuris par le kaléidoscope perpétuellement changeant et varié que nous avons eu devant les yeux, neuf heures durant, nous aboutissons à la concession européenne, petite île séparée de la ville chinoise par un canal que relient à la terre ferme quelques ponts barrés de solides grilles fermées pendant la nuit ; cette fermeture date de 1883, époque à laquelle la « marée chinoise » envahit la concession, massacrant et détruisant tout, à la suite de je ne sais plus quel événement international ; maintenant, tout est calme ; chacun, dans la concession, a son lot, la partie française est plantée de beaux arbres et possède quelques belles maisons. Nous allons chercher gîte au seul hôtel de l'endroit (Victoria), anglais naturellement, où nous passons une soirée tranquille ; assez éreintés, nous nous couchons du reste de bonne heure.

Hier (23 mars), lever à 6 heures du matin pour prendre, peu après, un drôle de petit vapeur qui doit nous conduire à Macao. Un couple anglais (un frère et une sœur), avec lequel nous lions conversation, sont, avec nous, les seuls passagers européens ; ils font un petit voyage de plaisir, partis de Manchester 4 mois auparavant pour l'Orient, comme nous allons voir les châteaux de la Loire.

Après une descente rapide de la rivière, nous arrivons à 4 heures en rade de Macao ; contraste complet ; nous pourrions nous croire transportés en Italie : des maisons peintes en bleu et en blanc, des places spacieuses, des bazars européens : un coin d'Europe sur cette terre d'Asie, et ce qui est plus extraordinaire, rien d'anglo-saxon, sauf l'inévitable hôtel, où nous échouons. Nous profitons des dernières heures du jour pour visiter rapidement la ville ; d'abord la façade délabrée, la cathédrale en ruines, brûlée par les Chinois il y a deux cents ans, curieux spécimen d'architecture Renaissance. Dans le jardin public, un buste de Camoens qui est venu mourir en exil à Macao où il a com-

MACAO. — *Vue générale*

posé une partie de ses Luciades. Une débauche d'inscriptions variées entoure le monument, en particulier de mauvais vers français d'un certain L. Rienzi et datant de 1827.

Traînés en pousse-pousse, nous faisons le tour de la ville le long d'une très jolie promenade plantée d'arbres, en suivant les sinuosités d'une côte abrupte pour aboutir à la porte monumentale qui marque la limite de la colonie.

Macao est la ville du plaisir, par opposition à Hong-Kong, la ville des affaires. Les habitants de Hong-Kong viennent volontiers excursionner à Macao dont les petites baies rocheuses doivent offrir de jolis endroits de pique-niques, mais il y a aussi l'attrait du jeu ; Macao est un petit Monaco ; le jeu forme le principal revenu de la colonie, chaque maison de jeu (il y en a 20) ayant une licence qui représente à peu près 700 francs d'impôt par jour ; ces tristes maisons sont ouvertes jour et nuit sans interruption ; les croupiers se relayent de 4 en 4 heures ; le bénéfice est constitué par une retenue de 8 o/o sur la mise des joueurs.

C'est dans une de ces maisons où nous entrons (non pour jouer, qu'on veuille bien le croire), mais pour voir, qu'on nous donne ces renseignements ; les joueurs chinois entourent le croupier, assis derrière une vaste table ; au-dessus de lui, une galerie en forme de balcon est destinée aux Européens qui descendent leurs mises et remontent leur gain au moyen d'un petit panier suspendu au bout d'une ficelle. La roulette est représentée par un nombre considérable de jetons brillants que le croupier prend un à un et compte avec dextérité ; suivant que le total est pair ou impair, on gagne ou l'on perd ; c'est lamentable, d'autant plus que ceux qui se ruinent sont pour la plupart des Chinois peu fortunés ; les seuls qui font fortune sont les prêteurs sur gages, dont les énormes et solides bâtisses dominent fièrement les pauvres masures qui les entourent.

Ce matin dimanche, nous avons repris le bateau pour Hong-Kong ; c'est de là que je termine ce feuillet de mon journal ; ces deux jours d'excursion nous ont un peu vannés et nous nous réjouissons de prendre un repos bien mérité.

25 Mars.

Enfin, notre « *Polynésien* » est arrivé ce matin à 10 heures ; il repart à 5 heures et nous avons devant nous la cérémonie compliquée du transbordement de nos bagages à bord ; j'attends à mon hôtel les 10 coolies qu'on doit m'envoyer du quai ; de P... s'est mis à la recherche d'une chaloupe à vapeur et je termine en l'attendant cette lettre qui pourra partir après-demain.

Hier, pour finir notre journée, nous avons pris un funiculaire aussi rapide que le plus rapide de la Suisse, pour nous conduire au sommet du peak, à 600^{m} d'altitude ; malheureusement, il faisait un épais brouillard et nous n'avons pu voir le panorama grandiose, dit-on, que par de courtes déchirures, mais ce qui est très curieux et prodigieux, c'est le « peak » lui-même, une montagne presque à pic où les Anglais ont trouvé le moyen de construire une ville bordée de chemins taillés dans le roc et menant d'une villa à l'autre ; on peut se promener ainsi pendant des kilomètres ; on a même trouvé le moyen de faire monter l'eau jusque là ; on peut à peine concevoir les sommes qui ont dû s'engloutir dans cette entreprise, témoignage remarquable de la ténacité britannique. Nous terminons notre après-midi dans une église congrégationaliste ; bon auditoire, en majorité composé d'hommes ; et bon sermon de morale pratique. La soirée se passe tranquillement à l'hôtel à causer et à philosopher avec M. de B..., établi à Hong-Kong ; il accuse ses compatriotes de savoir bien peu se remuer et de faire peu d'affaires ; il estime que la Compagnie des Messageries n'est pas du tout « up to date », grâce à l'indiscipline des équipages et au peu d'énergie des capitaines.

CHAPITRE QUATRIÈME

De Hong-Kong à Tokio.
La Conférence des Etudiants chrétiens.
La Campagne de réunions

Tokio, 5 Avril.

Notre premier contact avec la terre japonaise s'est effectué le lundi 1er avril sous la forme d'un débarquement sur une jetée de pierre à laquelle a accosté la chaloupe des Messageries dans le port de Kobé. Pour commencer, palabres prolongés comme d'habitude avec un frétillant petit Japonais, relativement au portage de nos 20 colis à la gare, tandis qu'un cercle de coolies et de petites Japonaises nous contemplent d'un air curieux ; tant bien que mal, tout est hissé sur deux charrettes à bras, et nous partons pour la douane. MM. les gabelous nous demandent si nous sommes des officiers ; nous nous inclinons devant ce titre, tout en ouvrant sans mot dire nos colis inspectés, du reste, sommairement, puis le tout file pour la gare, tandis que nous allons faire de l'argent japonais chez le Chinois. Le Chinois est dans tout l'Orient un terme générique dont le synonyme pourrait être Terre-Neuve ; c'est l'individu qui vous tire d'embarras, dont la boutique est toujours ouverte quand le reste est fermé ; c'est le Monsieur prêt à trafiquer de tout et à vous fournir tous les renseignements dont vous avez besoin, moyennant une honnête commission, cela va sans dire. Dans l'espèce, toutes les banques étant fermées à cause du lundi de Pâques, le Chinois s'est présenté à nous sous la forme d'un changeur qui, après avoir examiné avec un soin minutieux un billet de la Banque de France, a consenti à nous l'échanger contre de jolis petits papiers de la Banque du Japon. Pour calculer ce qui nous revenait, le dit Chinois s'est servi de l'abacus, sorte de rectangle en bois muni de fils de laiton sur lesquels courent de petites boules noires ; le Chinois manœuvre ces boules avec une vélocité extraordinaire et pratique ainsi toutes les règles de l'arithmétique ; il paraît que cette machine à compter, en usage dans tout l'Orient, est supérieure à tout ce qui se fait dans ce genre ; certainement la division que nécessitait notre change de monnaie a été bien plus vite faite qu'elle ne l'eût été par nos vulgaires et arriérés moyens européens.

A la gare, quelques minutes plus tard, nous retrouvâmes notre cornac qui avait pris nos billets, enregistré nos bagages et nous détroussa scandaleusement par la somme invraisemblable qu'il nous demanda pour prix de ses services. Ceci fait et notre train ne partant qu'à 6 h. 1/2, nous eûmes tout le temps de flâner et d'inspecter la ville de Kobé qui, à l'instar des villes américaines, s'est développée avec une rapidité prodigieuse. Remarque générale : chaque chose au Japon, prise individuellement, paraît minuscule, en tout cas proportionnée à la taille des habitants. Les maisons sont petites et mignonnes : un amour de petite porte en bois ; ce bois est une sorte de pin à la fibre serrée, d'un gris éteint.

Le verre commence à faire son apparition, mais, dans la plupart des maisons, ce sont des vitres en papier de riz opaque ; les trous sont nombreux et les recollages fréquents ; dans l'intérieur des maisons, les cloisons sont des paravents de papier glissant dans des rainures ; les boutiques s'ouvrent en plein vent, l'étalage presque au niveau du sol ; la boutique est surélevée de deux marches et le sol couvert d'une fine natte sans un atome de poussière. L'habitude de déposer ses chaussures avant d'entrer dans une maison paraît absolument naturelle et judicieuse du reste ; la chaussure japonaise est combinée à cet effet : qu'on se figure une planche de bois montée sur 2 petits talons et qui tient au pied par une courroie en forme de V et dont la pointe s'incruste entre 2 orteils du pied. Les chaussettes sont à doigts séparés, on les enfile comme des gants. Tous ces petits talons de bois font dans la rue un cliquetis bizarre ; le Japonais, ainsi perché sur de petites échasses, a toujours l'air de tomber en avant ; sa marche ressemble au sautillement du pingouin ; ce qui augmente la ressemblance avec ces sympathiques volatiles, c'est la manière dont il rentre les mains dans son kimono, quand il fait froid ; on ne voit plus qu'une manche sans bras, écartée du corps et ressemblant à un moignon. La Japonaise est une drôle de petite bonne femme, avec sa figure éveillée, sa bouche rieuse, sa chevelure d'ébène soigneusement enchignonnée et retenue par une épingle de corail ; plusieurs, rencontrées sur ma route, me rappellent un visage de connaissance laissé en Europe, ce qui tendrait à faire croire qu'il n'y a pas, après tout, tant de différence entre la physionomie japonaise et la physionomie européenne.

La Japonaise a une supériorité marquée sur l'Européenne par la simplicité et l'uniformité de sa toilette ; pour ce qui est de la coupe et de la forme, elles ne doivent pas passer beaucoup de temps chez la couturière ; c'est le kimono tombant droit, sans fanfreluche, sans ornement et qui ne se distingue que par la couleur et la richesse des étoffes ; c'est la question harmonie de couleur et non la question ornement qui constitue l'élégance féminine japonaise. Quand il fait froid, on met plusieurs kimonos les uns sur les autres ; j'en ai compté jusqu'à 4 ou 5 superposés ; les manches, vastes comme les ailes de grands oiseaux, sont le réceptacle de tous les objets journaliers, entre autres du mouchoir ou plutôt des mouchoirs, car les habitants de ce pays, beaucoup plus propres que nous,

Sur la route. Femme japonaise portant son baby dans le dos

ne font usage que de feuilles de papier de soie, qu'ils jettent naturellement après s'en être une fois servis ; les manches recèlent tout un paquet de ces feuilles, qui, chez nous, sont d'un usage moins noble. Autre particularité : ignorance complète, absolue, de la plus riche à la plus pauvre, du chapeau, cet ornement coûteux de nos têtes féminines européennes ; les coquettes se piquent une fleur dans les cheveux, ou y attachent un ruban, en général d'un rouge vif.

Tout en flânant dans les rues de Kobé, nous arrivâmes près d'un vieux temple shintoïste ; le temple japonais n'est pas un édifice unique, mais une quantité de bâtiments toujours en bois, dont chacun a sa destination particulière, et qui sont disséminés dans une sorte de cour ombragée d'arbres ; dans celui que nous visitâmes, les arbres étaient des énormes cryptomérias, l'arbre japonais par excellence ; le temple shintoïste est toujours précédé d'une sorte de portique ou torii en pierre, en bois ou en bronze ; il y a souvent une succession de 5 ou 6 de ces portiques, dont on ignore l'origine et la signification. Près de l'entrée, un bassin et un puits où l'on se lave les mains, symbole de la purification nécessaire ; puis une écurie pour le cheval sacré qui, souvent, comme à Kobé, par économie est un cheval de carton ; les fidèles font leurs dévotions en plein air, tandis qu'autour d'eux vont et viennent passants et curieux. Nous remarquons une vieille Japonaise jetant dans une sorte d'offertoire en bois, une branche de cerisier en fleurs, puis agenouillée et, après avoir frappé 3 fois des mains, faisant sonner un gigantesque grelot ; le dieu ainsi prévenu de la présence de son disciple, celui-ci fait sa prière ; dans ces temples shintoïstes, aucune image de la divinité ; seulement le miroir symbolique. On a l'impression d'un culte très spiritualiste ; un américain, ancien officier de l'Armée du Salut, me disait que les Japonais prient avec une extrême facilité ; la prière est une chose toute naturelle qu'ils accomplissent même en public sans aucune gêne ; il me racontait qu'ayant lié un jour, en chemin de fer, conversation avec un voyageur, l'entretien, roulant sur des sujets religieux, prit bientôt un ton intime et personnel et se termina par la proposition faite par le Japonais à l'Américain de prier avec lui ; tous deux s'agenouillèrent au milieu du wagon sans que la chose parût le moins du monde surprenante aux autres voyageurs.

En sortant du temple, nous nous mîmes à la recherche d'un Japonais pour lequel j'avais une lettre d'introduction ; malgré toutes les indications, nous ne pûmes arriver à le trouver ; le problème n'est pas facile lorsque l'on n'a sous les yeux pour indiquer les rues et les maisons que des caractères japonais ; le seul moyen d'aboutir est de se livrer pieds et poings liés à un guide.

En attendant notre train dans la salle d'attente, nous observâmes la manière curieuse dont se pratiquent les salutations japonaises : dans ce pays, ô comble de la prudence antiseptique, jamais on ne s'embrasse, jamais on ne se serre la main : on se salue. Deux amis se rencontrent. Du plus loin qu'ils s'aperçoivent, ils se saluent très bas en faisant glisser leurs mains le long de leurs jambes. A mesure qu'on se rapproche, les saluts se multiplient et se précipitent, enfin le contact est établi et on cause.

Mais le train siffle ; nous nous installons dans notre express ; les wagons, genre omnibus, avec 12 places de chaque côté ; on se croirait dans un tramway parisien et c'est là dedans qu'il m'a fallu passer 16 heures ; j'ai atrocement mal dormi, moins heureux que de P..., qui a pu dénicher la dernière place du sleeping-car ; mon insomnie me procura le spectacle d'un lever de soleil sur le Fuji-Yama, montagne sainte du Japon où, il n'y avait pas très longtemps, la femme n'avait pas le droit de monter ; mais ici comme ailleurs, le féminisme fait des progrès. C'est un cône volcanique éteint de 4.000 mètres, qui s'élance de la plaine d'un seul jet ; il est presque entièrement couvert de neige, d'un rose éblouissant sous le soleil levant, dans un ciel sans nuage, l'air d'une pureté incomparable. Devant nos yeux défilent des forêts, des bois, des rizières, des petits pins (matsou) venant jusqu'au bord de l'eau. Pour la première fois, je voyais la campagne japonaise dans son originale beauté et sa splendeur matinale.

Voici Tokio ; le train stoppe. A la sortie, M. Fisher, l'aimable et distingué secrétaire américain de l'Union Chrétienne, et trois ou quatre unionistes japonais, qui l'entourent, nous souhaitent la bienvenue et se démènent pour retirer nos bagages et nous expédier à notre domicile, l'Hôtel Métropole ; nous y arrivons en ricksaw une demi-heure plus tard, et pour la première fois depuis longtemps, nous pouvons procéder dans des chambres confortables à une installation complète.

Dimanche 7 avril.

L'Hôtel Métropole, qui doit nous abriter pendant nos divers séjours à Tokio, est situé dans l'ancienne concession européenne, presque au bord de la baie profonde à l'extrémité de laquelle se trouve Yokohama ; nous sommes assez loin du centre, mais ici toutes les distances sont considérables. Tokio est d'une grandeur prodigieuse ; je ne crois pas exagérer en disant aussi grand que Paris ; quelques grandes rues sillonnées de tramways à l'américaine ; entre ces principales artères, un dédale de rues bordées de maisons en bois à un seul étage, et qui contrastent agréablement par leur propreté avec les rues chinoises ; l'air est obscurci par un nombre incroyable de poteaux télégraphiques, surchargés de fils ; un grand nombre de canaux s'en allant en tous sens, et l'une des difficultés des promeneurs est de trouver les ponts.

Au centre de la ville, la triple rangée de murailles cyclopéennes, bordées de fossés, larges comme des rivières et formant une circonférence de plusieurs kilomètres de développement, rappellent l'ancienne féodalité et la puissance des Shogouns. Le

TOKIO. — *L'ancienne enceinte des Shogouns*

nouveau Japon a cependant percé de part en part, sur plusieurs points, ces antiques murailles, et a créé à l'intérieur d'immenses quartiers neufs ; c'est là que s'élèvent les bâtiments à l'européenne, assez disgracieux comme style, et se ressentant de l'influence américaine, qui abritent les Ministères, le Palais de Justice et la dernière et absurde importation de l'Europe au Japon, et qui s'appelle la Chambre des Députés. C'est aussi là que se trouve le palais du Mikado, dans un parc immense, aux arbres magnifiques, abrité derrière de hautes murailles aux portes en bois toujours hermétiquement closes.

La difficulté presque insurmontable pour l'étranger est de se diriger dans la ville, toutes les inscriptions, celles des rues comme celles des tramways, étant exclusivement en japonais ; par ci par là, une enseigne est traduite en anglais ; je n'en ai vu que trois en français. Le Comité d'organisation de la Conférence des Etudiants Chrétiens avait mis très obligeamment à la disposition des délégués étrangers, à titre de guides, des élèves des écoles de langues étrangères, et pour notre part, nous avons eu un petit bonhomme baragouinant quelques mots de français ; mais nous avons dû constater qu'il ne connaissait pas grand'chose de la ville et désirait surtout, en nous accompagnant, apprendre un peu plus notre langue : noble désir, mais qui ne faisait guère notre affaire ; aussi, l'avons-nous lâché en confiant notre personne à des conducteurs de ricksaws loués à la journée pour la somme assez modeste de 5 fr. environ. Il n'y a pas à songer à faire de course à pied ; rien que pour aller au bâtiment de l'Union Chrétienne, situé au centre de la ville, il faut, au trot de notre cheval à deux pattes, 40 minutes ; nous avons déjà fait au moins dix fois ce trajet, et chaque fois avec un itinéraire sensiblement différent.

TOKIO. — *Un coin de rue*

La Conférence se tient dans le bâtiment de l'Union Chrétienne, où se trouve une très grande salle pouvant contenir un millier de personnes. Notre premier soin, en arrivant à Tokio, fut d'aller prendre langue, retirer nos cartes de délégués et serrer les mains d'une quantité de vieilles connaissances d'Europe, d'Amérique ou d'ailleurs : je retrouve le brave Japonais qui avait dîné à Paris chez G..., et qui m'a accueilli avec de grandes démonstrations d'amitié ; un Chinois vu à Paris en 1905, un Indou, qui avait participé en 1900 à la Conférence des Etudiants de Versailles, etc., etc...

En sortant de l'Union Chrétienne, mardi après-midi, nous allâmes présenter nos devoirs à M. Gérard, ambassadeur de France ; il nous reçut avec une amabilité parfaite, nous retint pendant une heure pour nous donner des renseignements fort intéressants, et finalement m'invita à dîner pour le 16 avril. M. Gérard était très au courant du Congrès et nous a confirmé qu'on s'en occupait beaucoup à Tokio ; d'après lui, le Christianisme fait des progrès au Japon et en fera, mais à la condition de revêtir un caractère national, d'être Japonais et non pas étranger ; son idée est que les Japonais sont en train de se fabriquer un Christianisme qui leur est particulier, en y mélangeant, dans une savante salade, le Bouddhisme et le Confucianisme.

Lundi 8 avril.

Voilà la Conférence terminée hier soir.

Ce matin, J. R. Mott présidait une réunion à laquelle j'assistais et destinée aux délégués auxquels on avait demandé de faire, pendant quelques jours, une campagne d'évangélisation pour les élèves des lycées et des écoles supérieures dans un grand nombre de villes ; pendant huit jours, dans le Japon tout entier, des chrétiens de toute race et de toute langue feront entendre le message évangélique. Pour ma part, je dois aller à Kioto, Osaka et Kobé et cela prendra toute la semaine ; c'est une belle tâche, mais une lourde responsabilité vis-à-vis de laquelle je sens toute ma faiblesse, d'autant plus que je serai obligé de parler en anglais pour être ensuite traduit en japonais.

Je ne pense pas avoir la prétention de vous raconter en détail le Congrès ; il me laisse comme à tous une impression profondément émouvante et comme une vision grandiose d'une nouvelle ère chrétienne qui s'ouvre sur le monde oriental.

Je note seulement ici quelques traits essentiels. La Conférence comprenait 627 délégués : 380 Japonais, une centaine d'Européens et d'Américains et le reste venu des diverses parties de l'Asie ; jaunes et blancs étaient confondus, mélangés dans une fraternité parfaite ; le banc des Français côtoyait ceux des Chinois d'un côté et celui de la Finlande de l'autre. En outre des délégués, 4 à 500 auditeurs, presque tous étudiants ou étudiantes japonais ; le nombre des rapports et des discours a naturellement été considérable et naturellement aussi les plus intéressants pour nous étaient ceux des Asiatiques, malgré la longueur inusitée des traductions. Deux affirmations principales et unanimement reproduites par les Orientaux sont à retenir :

1° De toutes parts en Orient, des Indes au

Tokio. — *L'Union Chrétienne, lieu de réunion du Congrès des Etudiants*

Japon, en passant par la Chine, les moules antiques se brisent ; le culte exclusif du passé fait place au désir jusqu'alors inédit de choses nouvelles ; tout ce qui est nouveau dans le domaine de la pensée et des faits intéresse l'Oriental ; les vieux préjugés de castes disparaissent.

2° Le Christianisme fera certainement des progrès en Orient, mais à condition d'être propagé par les orientaux eux-mêmes ; de plus en plus, on répudie l'idée des Missions étrangères pour les remplacer par des Missions indigènes ; c'est ainsi qu'il vient d'être fondé par les Eglises congrégationalistes une Société pour l'évangélisation du Japon, exclusivement japonaise et soutenue exclusivement aussi par l'argent japonais.

A signaler deux discours particulièrement intéressants : d'abord celui de l'ancien vice-ministre des Affaires étrangères de Corée ; en second lieu, un vivant appel à la conversion par l'archevêque russe Nicolaï, très populaire au Japon, où il exerça son ministère pendant 45 ans et qu'il n'a pas quitté pendant la guerre.

Il est certain qu'il ne faudrait pas creuser les opinions théologiques de tous ces gens-là ; chez les Japonais en particulier, leur conception de l'essence du Christianisme est difficile à établir ; ce qu'ils affirment, c'est que le Christianisme né en Orient est une religion orientale et que nous, les gens de l'Occident, nous sommes moins qualifiés pour le saisir intégralement que les Orientaux ; en somme, la théologie n'est guère en faveur ici parmi les chrétiens, gens d'action qui mettent avant tout la morale évangélique comme source de vie. Il est incontestable que le Christianisme est très bien vu au Japon par les classes dirigeantes ; même les non chrétiens n'hésitent pas à dire que le Japon sera christianisé, et ils s'en réjouissent,

TOKIO. — *Eglise congrégationaliste. La sortie de l'Ecole du Dimanche*

mais simplement parce que la morale chrétienne leur semble infiniment supérieure à la morale bouddhique et susceptible d'être la base solide sur laquelle pourra s'édifier « le plus grand Japon ». Il ne faut pas oublier que les religions de l'Orient sont essentiellement et presque exclusivement des codes de morale ; il n'est donc pas étonnant que ce soit sous cet angle que soit jugée la religion de l'Occident.

A propos du Congrès, on ne peut passer sous silence l'extrême empressement avec lequel il a été accueilli et les manifestations sympathiques dont tous les délégués ont été l'objet. A peine débarqués à notre hôtel, on nous présente la carte d'un journaliste japonais qui sollicite de nous une interview ; nous la lui accordons gracieusement et deux jours après, il nous envoie son journal, où nos noms écrits en japonais servaient de titre au résumé de notre conversation, dont je n'ai naturellement pu contrôler l'exactitude. Tous les journaux donnent chaque jour des résumés de séances et publient les portraits des délégués. Le « *Japan Times* », rédigé en anglais, mais entièrement dirigé par des Japonais, a publié sur le Congrès deux ou trois articles de fond remarquables. Les Compagnies de chemins de fer et de navigation japonaises avaient accordé des réductions de prix à tous les délégués ; on nous a gratifiés d'une entrée gratuite permanente à l'Exposition des produits japonais, ouverte en ce moment à Tokio. Enfin, chaque jour, une réception : Pour commencer, le 3 avril, réception au Ministère des Affaires Etrangères où nous sommes accueillis par le ministre, le vicomte Hayashi, ainsi que par sa femme, petite japonaise timide, habillée à l'européenne.

Le lendemain, c'était l'ambassade des Etats-Unis qui ouvrait ses portes. Vendredi, nouvelle réception dans un restaurant du beau parc de Shiba, offerte par une quarantaine de représentants du

TOKIO. — *Jardin de l'Arsenal.* — *Réception du baron Goto*

haut commerce et de la banque du Japon et de toutes les banques de Tokio. Un vieux Monsieur, à face simiesque, nous fit un petit discours dont on avait préalablement remis la traduction en anglais à chaque assistant ; comme toujours, avec les paroles de bienvenue, une approbation très nette du but du Congrès et du Christianisme en général.

Samedi, le comte Okuma, l'un des hommes les plus connus et les plus influents du Japon, nous recevait dans sa magnifique résidence de Waseda. Nous eûmes pour la première fois la vue d'un de ces jardins japonais qui manifestent un développement extrême de l'art paysagiste, surtout au point de vue de la perspective et des effets de longue distance obtenus sur un très petit espace. Le comte Okuma nous régala d'une représentation mimée, parlée et chantée par deux personnages évoquant l'ancien Japon féodal et exhibant les somptueux costumes des anciens Daïmios.

Enfin hier, dernière garden-party, offerte par le baron et la baronne Goto, dans un jardin en général fermé au public et qui dépendait du parc des anciens princes de Mito ; ce jardin, vieux de 3 ou 400 ans, offre, en fait de petits lacs, de rivières, de ponts originaux, d'allées serpentant, tout ce que l'imagination japonaise a pu concevoir de plus remarquable dans ce genre. Réception fastueuse : décoration de fleurs et de drapeaux ; lunch somptueux servi par de gracieuses japonaises en kimonos de tissus merveilleux, et pour finir, cadeau offert à chacun sous forme d'une petite boîte en argent aux armes des Chemins de fer de Mandchourie, dont le baron Goto est le président.

Parmi les faits intéressants de la Conférence, il

y aurait lieu de signaler les messages reçus d'un peu partout ; les plus intéressants furent, sans contredit, ceux du Ministre de l'Instruction publi-

TOKIO. — *Jardin de l'Arsenal.* — *Réception du baron Goto*

que et du marquis Ito, le célèbre homme d'Etat japonais ; les journaux nous ont appris que ce dernier avait donné 10 mille yen (26 mille francs environ) pour les frais de la Conférence ; comme le marquis Ito n'est pas riche, des gens bien informés disent que ces dix mille yen sont un don déguisé du Mikado.

Je devais partir ce matin pour Kioto, et puis l'avis d'une audience particulière du Ministère de la Marine, obtenue par l'ambassadeur de France, m'amène à retarder mon départ de 24 heures.

Kioto, 10 Avril.

Je profite d'une journée de pluie diluvienne pour rédiger quelques nouveaux feuillets de mon journal ; j'écris dans une ravissante chambre d'hôtel anglo-japonais ; de mes fenêtres, dont les panneaux glissent sur des rainures à la mode du pays, j'embrasse le panorama de Kioto, l'antique capitale des mikados jusqu'à la Révolution de 1868, plein de temples et de palais qui font le bonheur du touriste ; un cirque de montagnes boisées entoure la ville et la sépare du fameux lac Biwa ; mais tout cela est aujourd'hui noyé sous un manteau de brume et de pluie.

Hier donc, ma dernière visite à Tokio a été pour le ministre de la Marine, qui a daigné prêter une attention bienveillante aux propositions d'affaires que je lui ai faites au nom de la maison S...

A 6 heures 30 du soir, je montais dans le train pour Kioto et m'installais dans un confortable sleeping, les wagons ordinaires étant décidément impossibles dès qu'il s'agit d'y passer la nuit. Dîner dans le wagon-restaurant, en face d'un Français du reste assez commun et qui m'a surtout entretenu de la culture des melons au Japon et de la difficulté de faire venir à bien cet excellent cucurbitacé. Dans mon train voyageait un vieux bonze bouddhiste d'un âge invraisemblable, momifié, parcheminé, et qu'on a installé comme une statue miraculeuse dans le wagon d'où il bénissait la foule avant le départ ; à chaque bénédiction, c'étaient des courbettes, à n'en plus finir, de tous les assistants.

Osaka, 13 avril.

A mon arrivée à Kioto, personne ne m'attendant, je dus me faire conduire en ricksaw jusqu'au premier hôtel indiqué par Murray ; malheureusement le dit hôtel venait d'être brûlé et il n'en restait qu'un petit pavillon où l'on abritait tant bien que mal quelques voyageurs. Sorti de là, je me mis en campagne, à la recherche du Secrétaire de l'Union Chrétienne, M. Phelps, dont je ne trouvais la demeure qu'après de laborieuses recherches. M. Phelps est un brave Américain muni d'une gentille femme ; il habite un cottage confortable. Sa fonction est de « superviser » l'œuvre unioniste qui se poursuit à Kioto sous une direction officiellement japonaise. Il me fit changer d'hôtel en m'emmenant dans celui décrit plus haut, après m'avoir fait visiter le bâtiment de l'Union Chrétienne d'Etudiants qu'on est en train de réparer.

A 7 heures, le même soir, je me faisais conduire au City-Hall, espèce de grande salle publique construite et administrée par la municipalité, qui sert de lieu de conférences et de réunions, etc... C'est là que se tenait la réunion d'appel à laquelle je devais prendre la parole. Pour commencer, petite réunion de prières autour de minuscules tasses de thé au liquide jaune clair, sans sucre ni lait, mais très parfumé et agréable à boire. Puis, nous entrons dans une grande salle, où je trouve 7 à 800 indigènes, étudiants, assis sur la natte qui couvre le plancher ; cet auditoire sans alignement, ces gens accroupis en manière de Bouddhas silencieux et attentifs, remplissant cette immense salle, formaient un spectacle vraiment curieux ; les Japonais peuvent ainsi rester des heures entières dans cette position incommode pour tout autre. J'ai admiré le calme, le recueillement, l'attention soutenue, et cependant bon nombre de ces auditeurs n'étaient pas chrétiens. La séance fut présidée par l'un des membres du Comité de l'Union Chrétienne, M. Nakakamira, homme d'affaires, ancien membre de la diète. Sur l'estrade, un énorme pot en grès brun renfermant une branche de cerisier en fleurs. Je me suis conquis l'attention de mon auditoire en rappelant en manière d'exorde cette opinion courante dans tout l'Orient, que les Japonais étaient les Français de l'Orient et que, par conséquent, nous avions toutes les raisons possibles de nous comprendre et de nous entendre.

Après la séance, éclairés par une lanterne en papier, nos ricksaws nous reconduisirent à notre hôtel prendre un repos bien mérité, pendant que la foule des assistants s'écoulait avec une extraordinaire lenteur, chacun devant retrouver et enfiler à la porte ses sandales ; imaginez 800 personnes ayant dû abandonner leurs 800 paires de caoutchoucs, identiques de forme, et devant les reprendre au départ. Le lendemain matin, nous profitâmes de quelques heures de liberté pour visiter plusieurs des monuments de Kioto, la ville la plus intéressante du Japon par les souvenirs de toute sorte qu'elle renferme et surtout par les somptueux et énormes temples bouddhiques ; d'abord, le Chion-In, derrière lequel se trouve une sorte de monastère. Un vieux bonze fait admirer les écrans formant les parois des salles ; ces écrans sont revêtus de peintures anciennes et plusieurs sont de pures merveilles de finesse et de vie. Près du temple, une énorme cloche suspendue dans une sorte de campanile ; le temple et ses dépendances sont environnés d'arbres, en particulier des cerisiers, en ce moment en fleurs. La foule des pélerins, gens de la campagne, leur énorme chapelet bouddhique à la main, circulent et viennent s'agenouiller à distance respectueuse du sanctuaire, fermé aux regards profanes. Nous traversons de là un autre beau parc où nous pouvons admirer dans toute leur splendeur les cerisiers aux fleurs blanches et roses sous lesquels des sautillantes mousmés aux kimonos pittoresques circulent ; un quart d'heure de ricksaw nous conduisit au Kiomidzu-dera par un chemin montant bordé d'un nombre infini de petites bouti-

Kioto. — *Temple de Kiomidzu-dera*

ques où se débitent les porcelaines communes et les petits joujoux japonais. Notre traîneur nous fit comprendre, d'un ton méprisant, que c'était bon pour les paysans qui viennent de la campagne. Les bâtiments de ce grand temple, accrochés au flanc de la montagne, sont soutenus par une forêt d'échafaudages en bois poli et durci par le temps. Dans l'un des bâtiments, un vieux tableau datant du XVIe siècle reproduit la première rencontre des Hollandais et des Japonais.

Nous eûmes juste le temps de rentrer à notre hôtel pour le tiffin et de repartir immédiatement après avec nos amis Américains, en file indienne, pour le terrain du futur bâtiment de l'Union Chrétienne où devait avoir lieu la cérémonie de la journée, le premier coup de pioche, remplaçant la pose de la première pierre. Le bâtiment futur était l'un des trois promis par M. Wanamaker au moment de la Conférence des Unions Chrétiennes à Paris, il y a deux ans ; il était intéressant pour nous de participer à cette cérémonie, car nous étions bien pour quelque chose dans le bâtiment en question ; on se rappelle que c'est à la suite de la réunion du Trocadéro que Wanamaker, enthousiasmé, remit son chèque à Mott ; c'est ce que de P... a rappelé devant l'auditoire des membres et amis de l'Union Chrétienne réuni sous une tente sur le terrain luimême ; à cette occasion, Mott prononça un brillant discours dans lequel il insista, cela va sans dire, sur les liens qui devaient continuer à unir Japonais et Américains. La cérémonie se termina par un coup de bêche donné dans le sol par chacun des assistants.

Nous n'en avions pas fini avec les réjouissances de la journée ; elles se continuèrent par un banquet à la japonaise, offert par la Chambre de Commerce de Kioto ; il paraît que ce banquet était pour les chrétiens et missionnaires de la ville un événement très significatif : jusqu'alors les autorités s'étaient tenues assez à l'écart du mouvement chrétien ; pour la première fois elles donnaient un témoignage public d'intérêt à une œuvre chrétienne.

A l'heure dite, nous débarquions à la porte d'une sorte de restaurant-club où nous enlevâmes nos chaussures ; puis, marchant sur la fine natte habituelle couvrant tout le sol, nous pénétrâmes, en haut d'un petit escalier, dans une vaste salle ayant pour tout mobilier une série de coussins appuyés contre le mur, et marquant la place de chaque convive ; ces murs sont de simples écrans de bois garnis de papier de riz glissant sur des rainures et pouvant s'ouvrir sur une large véranda courant tout autour de la maison. Après avoir été présenter nos devoirs au Président de la Chambre de Commerce, président du banquet, en kimono avec son éventail à la main, nous allâmes nous asseoir à la mode du pays sur nos coussins, c'est-à-dire nous mettant à genoux et nous asseyant sur nos talons entre deux Japonais chargés de nous entretenir et de nous servir d'interprètes. C'est dans cette horrible position que se passèrent les deux heures du banquet ; je dois confesser que j'ai tout de même un peu triché grâce à un pilier en bois qui se trouvait derrière mon dos, et contre lequel j'ai pu m'appuyer. Lorsque les 50 convives environ furent ainsi rangés autour de trois côtés de la salle, une quantité de petites japonaises entrèrent, chacune portant et plaçant devant chaque convive un panier tressé renfermant un bouquet de fleurs de cerisiers en sucre confit, mais d'une exactitude telle que nous avons tous cru, au premier abord, qu'il s'agissait de vraies fleurs ; il paraît que c'est une spécialité remarquable de Kioto, et je regretterai toute ma vie de ne pouvoir vous apporter ce chef-d'œuvre véritablement unique de l'art du confiseur. Le président se leva alors et fit un petit discours de bienvenue auquel répondit l'un des hôtes, le Président de la Chambre de Commerce de Washington. Nouvelle rentrée de petites servantes qui mirent devant chaque convive une microscopique table en laque, haute de $0^{m}20$, portant le premier plat dans un petit vase couvert en porcelaine avec les baguettes de bois poli, seul ustensile qui nous fut accordé pendant tout le repas ; à côté, une minuscule coupe pour le saké (boisson fermentée), on croit boire de l'esprit de vin aromatisé ; autre petite coupe pour le thé, et enfin, seul sacrifice aux usages européens, un verre d'eau minérale ; pas le moindre morceau de pain de tout le repas ; le premier plat se trouvait être un bouillon très agréable dans lequel nageaient des objets indéfinissables ; j'hésite entre des pattes de grenouille et des intérieurs de coquillages ; le second service comprenait un pâté d'œufs sucrés et une sorte de gelée de pois verts ; ensuite, toujours dans des amours de petites terrines, on plaça devant nous un petit morceau de poisson bouilli, du riz avec toute espèce de condiments, des filets de poisson cru, les uns blancs, les autres roses, qu'on absorbait après les avoir trempés dans une mixture brune très épicée. Les petites servantes japonaises se présentaient, portant de leurs deux mains la petite terrine, tombaient à genoux devant nous, faisaient un gracieux salut, et, après avoir déposé avec légèreté leur bol sur la petite table, se soulevaient sans s'aider des mains, et disparaissaient en glissant silencieusement.

Pour distraire les convives, représentation de scènes comiques par des acteurs habillés en vieux Japonais, mimant, chantant, parlant ; l'imagination joue un grand rôle dans ces représentations japonaises qui se passent sans scène, ni décors ; c'est ainsi que, lorsqu'un acteur veut indiquer que son collègue ne le voit pas, il ouvre son éventail et parle en s'en abritant comme derrière un écran.

Etant obligés de quitter le banquet avant sa fin pour ne pas manquer notre train, nous allâmes prendre congé du Président, en suivant le protocole, qui exigeait que nous tombions sur nos genoux en face de lui ; nous lui disions quelques mots et terminions par deux ou trois révérences (toujours à genoux) auxquelles il répondait de même manière ; c'était vraiment à mourir de rire de voir de P... en cette position, avec sa redingote et ses chaussettes.

A la sortie, nos chevaux qui nous avaient attendus, nous renfilèrent nos bottines et nous partîmes au trot pour la gare où nous avait précédés le président de l'Union Chrétienne. Ce président est un aimable docteur japonais qui nous a offert de nous servir de cicerone à notre prochain passage à Kioto.

Kobé, 14 avril.

40 minutes de chemin de fer nous firent franchir, il y a 3 jours, la distance qui sépare Kioto d'Osaka, la grande cité industrielle du Japon. A peine installés à notre hôtel, nous apprenons qu'une réunion a lieu le soir même et que le Secrétaire de l'Union, un Américain, nous y attend ; sans même déboucler nos valises, nous nous dirigeons vers la salle en question, immense local appartenant à la municipalité et dans lequel nous trouverons une assemblée d'au moins 1500 personnes, hommes et jeunes gens, venus pour entendre l'appel évangélique ; le coup d'œil était vraiment saisissant : une attention parfaite, très peu d'allées et venues, des allocutions très simples et directes, enfin tout à fait la classique réunion d'appel, et il y avait eu des réunions semblables, plusieurs jours de suite. Le lendemain

soir, même affluence ; quand on pense à la peine que nous avons en France à recruter des auditoires, comme les gens se sauvent lorsqu'il s'agit d'une réunion religieuse, vraiment on peut se demander si le peuple japonais n'est pas beaucoup plus près du Royaume de Dieu que les nations soi-disant chrétiennes.

Les réunions étaient généralement suivies d'un after-meeting. Le second soir, environ 200 assistants sont restés et on a distribué avant de se séparer, à tous ceux qui le désiraient, une feuille de papier pour y écrire noms et adresses ; le lendemain, le Secrétaire de l'Union a envoyé à chaque adresse une carte postale avec réponse. La carte de réponse est divisée en colonnes pour les nom et adresse, âge, profession ; une colonne pour dire si l'on désire la visite d'un ami chrétien et quand il peut se présenter ; enfin la dernière colonne pour indiquer l'Eglise à laquelle on serait disposé à se rattacher. Le Secrétaire en question, auquel je fis une longue visite le lendemain matin, me dit que sur 120 cartes ainsi envoyées dans une précédente campagne de réunions, 80 étaient revenues dans l'espace de 2 jours avec des demandes de visite. La plupart des jeunes gens ainsi atteints, bien que non chrétiens, ont fréquenté les Eglises, et le Christianisme n'est pas chose absolument nouvelle pour eux. A certains égards, les résultats de l'œuvre d'évangélisation sont plus visibles que chez nous, car la distinction est nettement établie entre chrétiens et non chrétiens ; en outre, l'adhésion personnelle au Christianisme se manifeste par quelque chose de tangible : le baptême ; le Secrétaire unioniste estime que les résultats des réunions d'évangélisation sont très encourageants, non seulement au point de vue numérique, mais au point de vue de la solidité des conversions ; il me citait entr'autres, le cas de deux jeunes gens directement convertis par l'Union qui, d'eux-mêmes, amenaient d'autres jeunes gens ; enfin, le rattachement à une Eglise est la suite naturelle du travail des Unions et c'est ainsi que, de l'aveu unanime, ces associations comptent parmi les agents les plus actifs de la christianisation du Japon.

Nous passâmes toute la journée à Osaka et notre après-midi fut très heureusement employée, d'abord à visiter le château d'Osaka, remarquable par l'énormité de ses murs, la profondeur et la largeur de ses fossés, et ensuite et surtout, par la visite d'une usine dirigée par un des principaux filateurs de la ville. Accompagnés et présentés par le gentil secrétaire américain, nous fûmes reçus par le président du conseil d'administration de cette grande manufacture, qui possède plusieurs usines et occupe 8.000 ouvriers, dont 6.500 femmes et 1.500 hommes. Tout en buvant la tasse de thé traditionnelle, nous fîmes subir au président un interrogatoire serré sur toutes les questions ouvrières qui m'intéressaient et qui seront consignées dans mon rapport au Musée Social.

Sous la conduite d'un ingénieur, nous visitâmes en grand détail l'établissement ; les ateliers ressemblent absolument à ceux d'Europe, les machines sont du dernier modèle ; dans la salle des expéditions, des balles de tissus à destination de la Chine, de la Mandchourie et de la Corée. Les précautions hygiéniques sont minutieuses ; des ventilateurs pour les poussières de coton sont installés partout ; pour passer d'un atelier dans l'autre, il faut marcher sur des paillassons imbibés d'un liquide spécial, toujours maintenus humides et qui doit désinfecter la semelle des chaussures. A l'entrée de la cité ouvrière, à laquelle on parvient en suivant une longue allée couverte, partant de l'usine et enjambant un canal, se trouve un vase en grès renfermant un liquide antiseptique dans lequel, sous la surveillance d'un garde inflexible, chaque ouvrière doit plonger ses mains et les essuyer en quittant le travail.

Dans la cité ouvrière habitent 2.500 ouvrières sur les 3.700 qu'emploie l'usine. Le personnel est absolument libre d'aller chercher gîte ailleurs, mais de fait, seuls les ménages habitent au dehors dans des maisons louées par la Compagnie. A l'entrée de la cité se trouvent de vastes réfectoires ; quand nous y pénétrons, les ouvrières qui forment l'équipe de nuit y prennent leur repas du soir avant de se rendre à l'atelier ; on les nourrit pour 8 sen (environ 0 fr. 20) par jour, le thé et le riz à discrétion et alternativement chaque jour de la viande et du poisson ; le repas du milieu du jour et du milieu de la nuit est consommé sur place à l'atelier. Les petites ouvrières remplissaient de riz les petites terrines en porcelaine, les plaçaient avec l'indispensable théière dans un panier, et en route pour l'usine. L'ingénieur qui nous servait de guide vient, de temps à autre, ainsi que ses collègues, prendre ses repas dans ces réfectoires pour fraterniser avec les ouvriers. Plus loin, la grande piscine pour les bains quotidiens ; puis les dortoirs ; de petites pièces carrées de chaque côté d'un corridor central ; c'est là que couchent sur des nattes, enveloppées dans des couvertures, les ouvrières à raison de 15 par chambre ; il ne faut pas beaucoup de place à ces petits corps qui n'ont pas besoin non plus de nombreux ustensiles ; pas l'ombre d'un meuble ; on fait sa toilette en plein air dans les grandes cours qui séparent les bâtiments et qu'égayent les cerisiers en fleurs ; au milieu de cette cour, un magasin où l'on vend, au prix du gros, des menus objets d'usage journalier. Plus loin, l'hôpital, qui peut recevoir 50 malades soignés par d'agiles petites nurses en blanc : salle d'opérations, dispensaire, laboratoire d'analyses ; rien ne manque à cet établissement, auquel sont attachés trois médecins.

Enfin, il y a des salles d'école avec des classes élémentaires de 7 à 9 heures, matin et soir, chaque jour. Dans cette usine, même des enfants de 12 ans travaillent, car aucune législation pour la protection de la classe ouvrière n'existe encore au Japon ; visité aussi des classes de couture, de dessin, de fleurs artificielles, etc... ; l'exposition de ces objets très réussis avait justement lieu au moment de notre visite. Pour finir, une grande salle de conférences, et pour des représentations théâtrales ; c'est là que chaque mois, alternant avec un prêtre bouddhiste, une dame américaine vient prêcher l'Evangile. Cette cité représente donc une vraie petite ville d'où, pratiquement, les ouvrières ne sortent jamais et où elles se trouvent fort bien, à en juger par l'expression des physionomies ; c'est le caractère familial et phalanstérien sous la forme patronale ; on ne songe pas encore à regarder le patron comme l'ennemi avec lequel on ne veut avoir que des relations de service : heureux pays ! combien de temps cela durera-t-il encore ? Le président de la Société estimait que le socialisme ne faisait pas beaucoup de progrès parmi les ouvriers qui, du reste, ne sont pas électeurs.

Les travailleuses de ces usines viennent presque toutes de la campagne ; elles travaillent pendant trois ans, sauf naturellement celles qui débutent à 12 ans, puis retournent dans leur village et se marient.

Nous avons quitté Osaka hier matin, et 3/4 d'heure plus tard nous arrivions à Kobé qui était déjà pour nous une vieille connaissance ; nous trouvons à la gare le secrétaire unioniste américain accompagné de son collègue japonais. Ces messieurs nous annoncent que nous devons parler dans l'après-midi à la séance d'ouverture du semestre d'été du collège méthodiste, puis le soir et le lendemain soir, dans deux réunions d'appel.

A l'heure dite, hier, nous arrivions au collège méthodiste en question et nous nous trouvions devant une nombreuse assistance de collégiens de 12 à 25 ans ; chacun débite de son mieux son petit discours ; le Rev. Newton nous emmène dans son cottage anglais qui domine la ville et où, tout en dégustant une tasse de thé, nous causons de choses japonaises avec les professeurs de l'école et avec un juge japonais. A 7 heures, par une pluie battante, mon ricksaw me conduit à une petite église de faubourg où je trouve une centaine d'assistants à la réunion présidée par le pasteur japonais ; nous faisons notre allocution, mon compagnon anglais et moi, puis a lieu l'after-meeting habituel ; un bon nombre de jeunes gens déclarent qu'ils ont étudié le christianisme (c'est la formule habituelle), et viennent jusqu'à la tribune donner leur nom et leur adresse ; 7 déclarent qu'ils mettent pour la première fois le pied dans une église chrétienne. Toutes nos réunions étaient annoncées par voies d'affiches et par des annonces dans les journaux. J'étais assez angoissé à l'idée de parler pendant 20 à 25 minutes en anglais ; heureusement les intervalles que nécessitait la traduction me donnaient le temps de préparer le paragraphe suivant et cela n'a pas trop mal marché.

Ce matin, bon culte à l'« Union Church », église sur la base de l'Alliance évangélique, comme le sont, du reste, en général les congrégations de langue anglaise en Orient. Le même jour, à notre hôtel, nous recevions la visite d'un brave monsieur français, établi depuis 14 ans dans les affaires à Kobé et qui venait se mettre à notre disposition ; c'eût été fort bien si le dit monsieur n'eût pas appartenu au genre essentiellement rasoir ; il fut si pressant que nous ne pûmes nous dérober à son invitation d'une promenade en voiture traînée par un cheval (à 4 pattes, celui-là) ; c'est dans cet équipage et en cette compagnie que nous venons de faire le tour de la ville et sommes allés voir en particulier un Bouddha de 16 mètres de haut.

Tokio, 16 avril.

Nous voilà revenus, j'allais dire « at home », car nous avons été reçus comme de vieilles connaissances au Métropole-Hôtel de Tokio, après une longue et fatigante journée de voyage, de 7 h. 40 du matin à 9 heures du soir, en face d'un petit couple japonais, Monsieur, Madame et Bébé, sous la forme d'un petit garçon de 3 ans très éveillé. Madame apparaît bien toujours comme l'humble servante de son seigneur et maître, à qui elle ne parle qu'avec un sourire modeste.

Tokio, 19 avril.

Je commence cette nouvelle lettre après avoir terminé mes préparatifs de départ pour la Chine ; les organisations de bagages sont un vrai casse-tête chinois, le mot est de saison ; on ne peut tout trimbaler dans le Céleste empire : combiner ce qu'il faut prendre et laisser, et où le caser constitue un jeu de patience qui a absorbé toute ma matinée.

Mardi dernier, grand dîner diplomatique à l'ambassade de France, avec de nombreux Américains et Orientaux ; parmi ceux-ci, le Ministre des Finances et sa femme ; le Ministre de la Maison Impériale ; la femme du Ministre de la Marine, le Ministre de Chine à Tokio. Décidément, la toilette des Japonaises à l'européenne ne vaut pas le kimono national.

Le lendemain, toute la journée fut passée à Yokohama à faire des « business » et du « shopping ». Pilotés par un aimable Suisse, établi depuis 50 ans dans le pays, nous allâmes assurer notre passage à bord du navire japonais l'*Hakuau-Maru* qui doit nous emmener en Chine.

Puis en compagnie du vice-consul, qui nous délivra les passeports nécessaires pour notre retour par la Russie, nous allâmes faire un excellent déjeuner à l'Oriental-Hôtel ; à 6 heures et demie, nous étions de retour à Tokio.

A noter, pendant notre second séjour dans la capitale du Japon, la visite que nous fîmes à l'exposition industrielle, qui est vraiment une manifestation remarquable du développement de l'industrie japonaise. Cette exposition est logée dans le parc d'Ueno, lieu de promenade favori des habitants de Tokio et dont les longues allées, bordées de cerisiers aux fleurs roses et blanches, offrent un coup d'œil vraiment ravissant ; dans l'exposition, nous fûmes abordés par un petit Japonais poli qui se présenta à nous comme chargé de recevoir les étrangers et nous offrit, en français très suffisant, de venir prendre une tasse de thé ; c'est ainsi que nous nous trouvâmes dans une maison du plus pur style japonais où des mousmés vinrent nous apporter la minuscule tasse de thé coutumière sans sucre ni lait ; puis, après avoir rempli nos poches de cartes postales de l'exposition, nos hôtes d'un moment prirent congé de nous, en nous recommandant de parler en France de l'Exposition de Tokio : voilà qui est fait.

Les abords de l'exposition sont occupés par les innombrables boutiques d'un bazar dans lequel on peut flâner des heures entières à examiner les objets de petite industrie : porcelaine, laque, bambou, bois travaillé, etc... ; nous remplîmes nos poches.

Notre avant-dernière journée à Tokio fut bien employée sous la conduite d'un guide qui nous évita une grande perte de temps ; ce guide se trouvait être un étudiant en droit, qui, moyennant la somme de 7 fr. 70 par jour, emploie les loisirs que lui laissent ses études à piloter les étrangers ; il

Tokio. — *Ueno Park. Le lac et les bâtiments de l'exposition industrielle*

augmente ainsi ses minces revenus d'étudiant ; l'idée est ingénieuse, et il me semble que sur ce point comme sur d'autres, nos étudiants français auraient pas mal à apprendre de leurs collègues

TOKIO. — *Université impériale. La faculté de médecine*

japonais. Le dit étudiant nous conduisit chez le Directeur d'un journal radical socialiste, pour lequel j'avais une lettre d'introduction ; mais le journal vient d'être suspendu à cause de ses idées subversives ; toute la rédaction est dans le désarroi, et quant à mon monsieur, il n'était pas là ; cela ne m'a donné que plus d'envie de le joindre. Toujours sous la conduite de mon guide, je fis l'acquisition de plusieurs menus objets, mais ce que j'aurais voulu aussi rapporter avec moi, c'étaient les vieilles boutiques et les vieux petits ménages, le mari exhibant son produit, la femme avec son baby dans le dos (on peut dire qu'au Japon toutes les femmes portent leur maternité à l'envers), accroupie sur une natte et faisant soigneusement les paquets pendant que nous attendions sur le seuil ou plutôt dans la rue avec nos ricksaws.

Nous lunchâmes ce jour-là dans un restaurant du parc de Shiba, célèbre par ses temples et les tombes d'un certain nombre de Shogouns qu'ils renferment ; chaque tombe, entourée d'une enceinte, comprend un petit temple, une salle de méditation, une cour remplie de lanternes de bronze ou de pierre, offertes aux mânes des défunts Shogouns, et qui remplacent nos couronnes funéraires ; il y a partout une prodigalité admirable de laque de toutes les teintes : un éblouissement de vieux ors mêlés au vermillon, puis, tout au fond, dans une dernière petite cour, la tombe elle-même, simple mausolée de granit sans sculpture ni ornement ; exception cependant pour l'un des Shogouns dont le corps repose sous une caisse octogonale de laque d'une incroyable richesse et où sont sculptés en haut-relief des animaux et paysages ; les misérables laques qu'on trouve dans nos pays ne peuvent donner aucune idée de la richesse de celles-ci, qui ont acquis le poli du marbre et où la patine du temps à mis des nuances infiniment douces dans une harmonie parfaite. Nos pas nous conduisirent, avant de quitter le parc de Shiba, dans un grand temple bouddhique où s'accomplissait justement une cérémonie. Une vingtaine de prêtres formant les trois côtés d'un carré étaient installés à la japonaise devant un autel de Bouddha ; au centre, un vieux prêtre revêtu de somptueux ornements, dans une attitude hiératique, tenant entre ses mains jointes un chapelet de cristal et un bâton de commandement, sorte de crosse épiscopale ; après une période d'extase, le prêtre en question se leva, et, suivi d'enfants de chœur, alla asperger des tablettes d'ancêtres, avec une feuille verte trempée dans l'eau ; cette opération fut répétée successivement par tous les prêtres. Comme notre guide nous donnait quelques explications et que nous lui demandions s'il était bouddhiste : « Oh ! je le suis de naissance comme mes parents, nous répondit-il, mais je ne crois plus à toutes ces histoires. — Etes-vous chrétien ? — Non, mais je connais la Bible et je l'étudie beaucoup. » C'est bien la réponse japonaise : l'étude, toujours l'étude ; le besoin de savoir de ce peuple est vraiment remarquable.

Notre journée se termina par une représentation de danse *No* ; on nous conduisit, pour cela, dans une sorte de club, au milieu d'un parc où nous aperçûmes, en passant, des trophées de toute sorte enlevés aux Russes au cours de la dernière guerre. Les danses No n'ont des danses que le nom ; ce sont des représentations ayant un caractère sacré et dans lesquelles revit l'âme du vieux Japon ; souvenirs d'anciens héros dont la personnalité se dédouble, car c'est tantôt eux-mêmes en chair et en os, tantôt leur esprit qui apparaît. La représentation commence par une sorte de mélopée accompagnée par le son d'un bizarre gong en pierre et qui dure bien une demi-heure ; puis, les acteurs, costumés à l'antique, engagent le dialogue auquel répondent d'autres acteurs formant un chœur ; nulle action, nul jeu de scène, nul décor ; tout est dans le dialogue ; les auditeurs s'asseoient sur une natte, écoutent, tout en dégustant leur tasse de thé, puis leur souper, car la représentation dure 5 heures ; quant à nous, au bout d'une demi-heure, nous en eûmes assez et nous nous empressâmes de regagner nos pénates sous une pluie torrentielle.

J'avais coupé la représentation par un essai de visite à un certain professeur pour lequel j'avais une lettre d'introduction ; après avoir trouvé, non sans peine, la demeure du dit professeur, nous frappons à la porte et deux écrans de bois, tapissés de feuilles de riz, s'ouvrent en laissant voir une petite antichambre japonaise avec, comme seul et unique meuble, un porte-parapluie venant tout droit de la Ménagère. La petite servante qui nous ouvre se prosterne dès qu'elle nous voit, le front en terre, pendant que le guide lui explique le but de ma visite ; elle relève la tête pour répondre que son maître n'y est pas, puis, après un nouveau plongeon pour recevoir mes regrets et l'espoir que je serai plus heureux une autre fois, elle se relève pour prendre ma carte de visite ; les deux petits écrans glissent dans leurs rainures et la porte se ferme.....

Hier donc, à 3 h. 30, nous prenions le train pour Kobé, et depuis quelques instants, nous sommes installés à bord d'un bateau japonais qui paraît très suffisamment confortable et qui doit nous transporter en 5 jours à Shang-Haï. La vie paisible du bord va reprendre ; je ne suis pas fâché de ce moment de calme, après l'agitation de ces 15 derniers jours. Nous avons retrouvé à bord plusieurs délégués à la Conférence de Tokio qui vont également, comme nous, à la Conférence missionnaire de Shang-Haï.

CHAPITRE CINQUIÈME

En route vers la Chine.
Shang-Haï. La Conférence missionnaire.
Quatre discours chinois.
L'observatoire de Sikawei.

21 Avril.

Nous sommes ancrés depuis ce matin dans le détroit de Shimonoseki, à égale distance de cette localité et de la petite ville de Modji, centre minier très important dans l'île de Kioushu ; notre bateau est en train d'engouffrer sa nourriture de charbon et je vois, courant sur la berge, à quelques centaines de mètres, les wagons qui amènent le précieux minerai. Le détroit, qui n'a pas plus d'un mille de largeur, est sillonné d'un nombre incroyable de bateaux de toutes formes et de toutes dimensions, depuis les barques manœuvrées à l'aide de deux longues godilles, jusqu'au transpacifique en partance pour les rives de l'Amérique ; sur le pont, le brouhaha habituel des vendeurs de japonaiseries et des débardeurs de charbon qui transportent leur marchandise dans de petites mannes en osier ; parmi eux, plusieurs femmes ; j'en ai vu une, entre autres, qui accomplissait sa besogne avec son baby ficelé dans le dos ; le pauvre petit gosse dormait et sa tête sans cheveux ballotait de droite et de gauche, saupoudrée de poussière de charbon.

Ce détroit, qui ferme l'entrée de la Mer Intérieure et qu'ont forcé, en 1864, pour bombarder la côte et ouvrir définitivement la mer en question aux vaisseaux-étrangers, les flottes combinées des Anglais, Français et Américains, est hérissé de fortifications, et il est défendu, sous les peines les plus sévères, d'en prendre la moindre photographie. On montre, sur la côte, la maison où fut signé le traité qui mit fin à la guerre sino-japonaise en 1895 et où résidait le célèbre plénipotentiaire chinois Li-Hon-Tchang...

Nagasaki, 22 avril.

Le bateau reprenant la mer après son escale à Modji, secoué dans les vagues du détroit de Tsoushima, les passagers devenant languissants, tout cela n'est plus très neuf et a déjà été retracé plusieurs fois ; ce qui vaut mieux, c'est l'excellent culte en anglais que nous avons eu hier soir après dîner, présidé par le Dr Green, depuis 23 ans missionnaire au Japon et qui a été terminé par les renseignements fort intéressants du Dr Ritzen, Secrétaire de la Bible-Society de Londres, qui vient de faire un voyage en Corée; il nous a raconté des choses vraiment émouvantes sur ce pays qui passe par un vrai réveil, ou plutôt par un éveil dont les manifestations ressemblent en plusieurs points à celui du Pays de Galles; cela nous a donné une nouvelle envie de passer quelques jours dans ce pays. Pour finir la soirée, chant de cantiques en entourant Mme F., au piano, tandis que des curieuses têtes de Japonais venaient nous regarder et nous écouter à la porte.

En nous réveillant ce matin, nous nous sommes trouvés en rade de Nagasaki, ancrés à quelques centaines de mètres de cette ville, une des plus anciennes du Japon, ou du moins la plus anciennement connue des Occidentaux. C'est dans la petite île de Deshima, à l'entrée du port, que les Hollandais eurent la permission de résider durant les 250 années pendant lesquelles le reste du Japon était hermétiquement clos aux étrangers. L'un des orateurs japonais à la Conférence de Tokio avait rappelé ce fait d'une manière originale en disant que pendant 250 ans Deshima était la seule narine par laquelle le Japon pouvait aspirer la brise de l'Occident. La vie de ces malheureux Hollandais n'était pas gaie; murés dans cette étroite île, ils ne pouvaient en sortir que pour leur commerce, accompagnés chaque fois de soldats pour s'assurer qu'ils rentraient bien chez eux la journée terminée.

Nagasaki est aussi le principal et le plus ancien

centre des Missions catholiques ; c'est là qu'aborda François Xavier ; c'est là aussi qu'eurent lieu d'effroyables persécutions bouddhistes et anti-étrangères au XVIIe siècle ; il y a maintenant beaucoup de couvents et d'églises dirigés par des prêtres français et japonais. En descendant à terre ce matin, nous avons vu un spécimen de curé japonais qui nous a introduit dans son église, vaste construction de style banal.

Notre première visite fut pour le cimetière français, situé à 2 kilomètres de la ville, et dû à l'initiative de la Croix-Rouge de notre pays et de l'amiral Pottier, pendant la révolte des Boxers en 1900 ; la Croix-Rouge avait établi un hôpital militaire à Nagasaki et avait acheté une concession ; c'est là que sont enterrés une cinquantaine de soldats et de marins, presque tous bretons ; pauvres gars ! couchés si loin du pays natal ! Chaque cercueil repose sous une pierre tombale ombragée d'arbres en ce coin paisible en face d'un admirable paysage d'Orient. Ce devoir patriotique accompli, visite d'un temple shintoïste qu'abritent des arbres magnifiques ; nous y remarquâmes, comme du reste dans tous les temples japonais, les boulettes de papier mâché dont sont criblés les génies de pierre et de bronze, habitants de ce lieu ; c'est un moyen d'appeler l'attention du génie ; si la boulette reste collée, on peut espérer ses bonnes grâces.

En rentrant à bord, nous nous arrêtâmes quelques instants pour contempler des gamins japonais faisant l'exercice dans la cour de l'école et manœuvrant avec une adresse sans pareille ; décidément, ce peuple est belliqueux par instinct.

23 avril.

Nous avons quitté Nagasaki hier à 6 heures. La sortie de la rade est de toute beauté, encaissée qu'elle est entre de hautes vallées, tandis qu'au fond les plans successifs des montagnes s'estompent dans une brume bleuâtre ; le temps est beau, la mer peu agitée ; dans 24 heures, nous serons à Shang-Haï.

Shang-Haï, 25 avril.

C'est par un temps splendide que nous nous sommes trouvés ce matin dans la métropole chinoise, après avoir remonté le fleuve pendant une heure ; le trajet du bateau à l'hôtel nous permit de constater le mouvement intense de la circulation qui fait ressembler les rues de Shang-Haï à celles de Londres, avec cette différence que les véhicules londoniens sont remplacés par des files ininterrompues de ricksaws qu'arrêtent au croisement des voies principales, tout comme à Paris, de sévères policemen chinois dont la queue frétillant dans le dos remplace le bâton blanc des confrères parisiens. Après les préliminaires indispensables de l'établissement dans un hôtel, puis dans un autre (où, à notre insu, on nous avait retenu des chambres), nous allâmes faire quelques courses d'affaires, entre autres régler la question de notre voyage à Pékin viâ Tien-tsin ; faute de temps, nous avons dû renoncer à faire le voyage par l'intérieur, par Han-Keou, mais ainsi, nous pourrons passer quelques jours en Corée. La concession européenne est une véritable ville à grands bâtiments de brique où, du reste, le fourmillement chinois est aussi intense qu'ailleurs. La France et l'Angleterre ont chacune une concession spéciale, tandis que les autres puissances se partagent un troisième lot. Chaque concession a sa poste particulière et c'est ainsi que nous eûmes le plaisir d'expédier nos lettres en France avec des timbres quasi français.

Dans l'après-midi, nous allâmes tout d'abord visiter le local actuel de l'Union Chrétienne chinoise, où se trouve le bureau de réception de la Conférence missionnaire, qui s'annonce comme devant être une énorme machine qui durera 12 jours et qui groupera des représentants de l'œuvre missionnaire dans tout l'Orient. Les réunions qui commencent ce soir auront lieu dans la grande salle du nouveau bâtiment de l'Union Chrétienne chinoise qui vient d'être achevé ; les directeurs de l'Union de Shang-Haï sont particulièrement heureux de ce que le premier usage de ce bâtiment soit une conférence missionnaire, réunissant les Missions chrétiennes de toutes dénominations. Ici, comme ailleurs, l'Union Chrétienne apparaît comme un terrain ecclésiastiquement neutre, mais en même temps profondément religieux, où peut s'opérer la jonction de tous ceux qui travaillent à l'avancement du règne de Dieu ; ce n'est pas une fois, mais dix ou vingt que j'ai entendu souligner, avec une approbation sans réserve, le rôle bienfaisant des Unions Chrétiennes à ce point de vue.

La ville chinoise que nous parcourûmes ensuite ne vaut pas Canton comme étendue, mais est tout de même bien curieuse. Tout d'abord, inspection de la demeure d'été d'un riche mandarin, sorte de petite oasis, non pas précisément de verdure, mais de rocaille tourmentée, de petits chemins serpentant et grimpant le long de montagnes en miniature : un tout petit lac, des ponts en zigzags pour empêcher le passage des esprits mauvais qui ne pratiquent, paraît-il, que la ligne droite : sur une île, au milieu d'un autre petit lac, public cette fois, une maison de thé fort achalandée dans laquelle nous dégustâmes une tasse de thé à la chinoise ; chaque consommateur a sa théière, qui consiste en une tasse recouverte d'une autre plus petite ; la première tasse renferme la précieuse feuille agrémentée de plusieurs fleurs de thé ; on verse le liquide en se servant adroitement de la tasse supérieure pour retenir la feuille ; la patronne de l'établissement remplit inlassablement d'eau chaude cette théière nouveau modèle.

Près de ce petit lac, de nombreux Chinois, accoudés sur la balustrade des ponts en bois, tenaient chacun une mignonne petite cage ornée de mangeoires en fine porcelaine à dessins variés et renfermant un oiseau ; arrivée au soleil, la petite bête s'ébrouait et se mettait à chanter éperdument et le Chinois immobile écoutait cela avec extase. Les maisons sont trop sombres, paraît-il, pour que les oiseaux y chantent ; alors chaque jour on promène son oiseau pour l'entendre chanter, comme chez nous on promène les petits chiens.

Ailleurs, nous visitâmes un vénérable temple précédé d'une petite chapelle en pierre délicieusement sculptée ; le vieux sacristain nous vendit quelques rouleaux de papier d'argent ou d'or destinés à représenter d'une manière économique les offrandes du précieux métal qu'on serait disposé à faire à Bouddha. Le port de ces morceaux de papier sur une ficelle que nous promenions à notre bras eut le don d'exciter sur notre passage une hilarité prodigieuse chez tous les Célestes ; jamais je n'ai fait tant rire depuis que je suis au monde. Nous en arrivions nous-mêmes à rire de la joie des passants ; ce fut un « gondolement » général tandis que nous déambulions dans les rues, nous arrêtant à chaque pas pour contempler quelque industrie locale.

L'événement le plus intéressant et le plus significatif de la journée fut le dîner et la soirée qui suivit à « Astor house ». Dans une salle à manger particulière, nous nous trouvâmes réunis au nombre de 28 convives, invités par le Comité de l'Union Chrétienne de Shang-Haï. La table était présidée par un évêque anglican et par le Président de l'Union, un Chinois, occupant une fonction importante dans l'Administration des chemins de fer. Chaque convive était flanqué de deux Chinois ; l'un de mes voisins, habillé à l'européenne, ayant coupé sa tresse, était le Secrétaire de l'Union, l'autre, membre du Comité.

A signaler, parmi les convives, le représentant du vice-roi de Nankin, qui va venir ce soir saluer la Conférence missionnaire au nom de son patron, et d'autres Chinois, non chrétiens, mais qui sont néanmoins des souscripteurs réguliers de l'Union.

Je ne parlerai pas du menu somptueux et abondant, et j'en arrive tout de suite au clou de la réunion : les discours. Sur l'invitation de l'évêque président, quatre Chinois, dans quatre véritables conférences, traitèrent successivement en un anglais très pur les quatre points suivants :

La Chine et la politique étrangère ;
— et l'éducation ;
— et le Christianisme ;
Les Unions Chrétiennes en Chine.

Ces discours, pour moi comme pour les autres étrangers qui assistaient à ce banquet, ont été une révélation vraiment stupéfiante de ce que sera la Chine de demain, telle que l'envisagent des Chinois d'une haute valeur occidentale, à l'esprit largement ouvert et chez lesquels on sent une volonté ferme d'agir.

Commentant un mot de M. Robert Hart, Directeur général des douanes, M. Yen, qui parla sur l'Education, montra que si la Chine est lente à se mettre en mouvement dans la voie du progrès, ce mouvement, une fois qu'il aura commencé, se propagera avec une rapidité d'avalanche ; il nous traça un tableau admirable de précision des vieux systèmes d'éducation désormais abandonnés, de l'organisation moderne des écoles et de la volonté des classes cultivées de s'instruire dans les centres de l'Occident. Pendant qu'il y a vingt ans, on ne trouvait pas un étudiant chinois voulant aller étudier en Europe ou en Amérique, on ne compte plus maintenant ceux qui économisent sou après sou pour pouvoir aller passer quelque temps dans une Université européenne ou américaine. A Pékin, le Ministère de l'Education, qui vient d'être créé, est en train d'élaborer un programme entièrement nouveau d'instruction publique.

Le second orateur, M. Tong-Kaisan, rappela, sans ménager les termes, toutes les raisons qu'avait la Chine pour ne pas aimer les races de l'Occident, et cependant, « j'affirme, ajouta-t-il, que sauf des cas isolés amenés par des événements particuliers, il n'y a pas, en Chine, de sentiment anti-étranger ». Il attribuait cette absence de ressentiment en premier lieu à l'influence des Missions chrétiennes qui s'étend beaucoup plus loin qu'on ne pourrait le croire ; on sait faire en Chine la distinction entre les gouvernements de nations soi-disant chrétiennes et les chrétiens de ces mêmes nations. Parlant du christianisme en Chine, M. Wong, qui est le petit-fils d'un des premiers Chinois convertis au christianisme par le docteur Morrisson, affirma que nombreux étaient ses compatriotes qui regardaient la christianisation de la Chine comme la première étape nécessaire à son entrée dans la civilisation moderne. Vraiment, à eux seuls, ces discours auraient valu le voyage à Shang-Haï, et en entendant ces hommes qui, tous, occupent des positions importantes dans le commerce, les Administrations publiques, des carrières libérales, exposer avec une si remarquable ampleur de vues ce que sera la Chine de demain, je regrettais que nous, Européens, nous fussions si peu nombreux pour les entendre ; nous bornons singulièrement notre horizon en ne nous tenant pas mieux au courant de ce qui se passe dans cet énorme pays de Chine ; quand on constate cette absence de préjugés et de parti-pris, cette ouverture d'esprit de gens sachant s'assimiler ce qu'ils voient de bon et de vrai autour d'eux, on est en droit de penser que nos compatriotes auraient de fameuses leçons de tolérance et de libéralisme à recevoir des Chinois.

Si l'on envisage toutes les conséquences économiques et commerciales devant résulter de l'accession prochaine de la Chine au rang des grandes puissances civilisées, on peut bien dire qu'il y a un péril jaune que ne pourront conjurer ni les canons, ni les diplomates du vieux monde. Avec notre ami Chinois, je suis convaincu que seul l'Evangile peut être le levain fécond et pacifique de cette pâte.

Vendredi, 26 avril.

Je reprends la plume en sortant de la deuxième conférence missionnaire, dont la séance d'ouverture a eu lieu hier soir dans une immense salle du Town-Hall; 1.500 personnes environ la remplissaient ; sur l'estrade, les représentants d'un nombre vertigineux de Sociétés de Missions et d'Eglises: on y avait réservé des places à J. de P..., et B..., représentants accrédités de la Société des Missions de Paris auxquels, pour faire nombre, nous nous étions joints, le capitaine B. et moi. Le discours le plus intéressant et le plus significatif de la soirée fut celui de Son Excellence Taotaï-Tong qui, vêtu d'un superbe costume de cérémonie, le chef orné d'une coiffure rutilante d'où sortait horizontalement par derrière une longue plume, est venu au nom de Tuan-Fang, le vice-roi de la province, apporter ses vœux pour le succès de la conférence : « en exprimant ces sentiments, a-t-il dit, je » suis sincère et je les manifeste dans l'esprit qui » anime tous les hommes désireux de faire quelque » chose de bien dans le monde, quelles que soient » les croyances ou les races auxquelles ils appartien- » nent. » En l'écoutant, je regardais l'assistance et j'étais intrigué par les physionomies particulières de nombreux Chinois ou Chinoises que j'avais devant moi et dont le profil bizarre ne semblait pas plus appartenir à la race mongole qu'à la race mandchoue ou tartare; un examen plus attentif mit fin à cette perplexité ; j'avais tout bonnement devant moi des missionnaires européens et leurs femmes habillés des pieds à la tête, natte comprise, à la Chinoise ; cette adaptation est bien connue, mais quand on voit pour la première fois ces bons types d'Américains, d'Anglais, d'Allemands, la tête rasée, une queue naissante dans le dos, et qu'allonge une fausse queue en soie, c'est irrésistiblement comique. La réunion de ce matin a été horriblement confuse et j'ai constaté, non sans une pointe de satisfaction, que nos amis Anglo-Saxons ne sont pas plus ferrés que nous ne le sommes en France dans nos Assemblées religieuses sur les procédures parlementaires ; il est vrai qu'en traitant le sujet de l'union désirée de toutes les dénominations ecclésiastiques au point de vue de la Mission en Chine, on est arrivé à toucher la question aussi brûlante que chez nous des confessions de foi ; je me serais cru dans un de nos Synodes ; Dieu merci, on s'est enfin mis d'accord sur une rédaction qui, en affirmant la souveraineté de la Bible en matière de foi, considère les confessions de foi comme un document humain sur l'expression duquel on peut différer. La même résolution renferme du reste des affirmations d'une orthodoxie telle sur les doctrines essentielles, que si on eût connu les opinions particulières de tel ou tel théologien déclaré chez nous authentiquement évangélique, il eût été certainement jugé digne à Shang-Haï de toutes les flammes de l'enfer ; je dois dire que personnellement, et en me rappelant la manie que nous avons en France de tout remettre en question au point de vue doctrinal, ces affirmations si claires et si catégoriques sur la personne de Jésus-Christ me font du bien ; on voit que tous les missionnaires sont d'accord sur la nécessité de prêcher un Evangile intégral, sans l'envelopper ni l'embrumer d'un tas de subtilités théologiques.

28 avril.

Nous voici de nouveau en mer, à bord d'un cargo-boat, le *Taïping,* qui, en traversant le golfe du Pet-chili, arrive non pas au port classique de Tien-tsin, mais à Chin-wang-tao ; de là, nous serons transportés en une journée de chemin de fer à Pékin ; nous évitons ainsi les arrêts interminables qu'on est parfois obligé de subir devant la barre de Takou. Depuis le départ de Marseille, nous en sommes à notre septième paquebot et nous avons déjà navigué sous le pavillon de six nations différentes. Notre bateau actuel paraît confortable ; il n'y a que 8 passagers à bord et j'ai l'usage exclusif d'une bonne et grande cabine. Nous descendons en ce moment l'estuaire du Fleuve Bleu, dont les eaux limoneuses ne méritent guère ce nom ; c'est moins un fleuve qu'un bras de mer d'une immense largeur ; du reste, les gros navires à vapeur le remontent jusqu'à mille kilomètres de son embouchure. Je reprends la chronique.

Notre soirée d'avant-hier s'est passée à écouter dans la grande salle de l'Hôtel de Ville, le pasteur Smith nous retracer les cent premières années de la Mission en Chine, en faisant défiler une innombrable quantité de noms de braves amis défunts avec l'annonce de leurs vertus et qualités : je suis parti avant la fin. La Conférence Missionnaire me paraît surtout remarquable par la variété et le nombre des stations de Mission représentées, et ceci donne bien une idée de l'ampleur magnifique de l'œuvre de Dieu en Chine ; il me paraît aussi très évident que, comme au Japon, l'ère de la Mission, dans le sens usuel du terme, arrive à sa fin et sera suivie de celle des Eglises chinoises organisées se suffisant à elles-mêmes matériellement et moralement, et destinées à leur tour à devenir missionnaires.

Hier matin, nous avons fait une longue visite à notre consul, M. Ratard, homme très intelligent, actif et apprécié ; il a beaucoup étendu la concession française en créant vers l'intérieur de belles routes dont les abords sont en train de se peupler de villas, mais il se plaint, comme partout du reste en Orient, du peu d'intérêt que prennent les capitaux français dans toutes ces entreprises, alors qu'on pourrait, et avec une sécurité très grande, faire largement fructifier l'argent qui y serait employé. M. Ratard nous a parlé aussi de son désir de créer une Université franco-chinoise qui serait un moyen, suivant lui, d'étendre l'influence française ; faute de mieux, il serait très disposé à faire appel pour cela aux Missions jésuites, en leur demandant d'observer une neutralité religieuse complète ; décidément, l'anticléricalisme, sauf pour M. Augagneur, n'est pas article d'exportation.

Suivant cette visite, nous avons eu à Astor-House un déjeuner très intéressant auquel nous avions convié, M. de P..., et moi, le ménage B..., 3 miss anglaises et nos trois Chinois orateurs de l'avant-veille ; inutile de dire que nous les avons fait causer, avec abondance, sur toutes les questions relatives à la Mission en Chine. Mon voisin, M. Tong, a de nouveau insisté sur ce fait qu'on ne pouvait espérer le développement du christianisme en Chine que s'il apparaissait comme pouvant être une religion nationale chinoise ; je n'ai pas pu obtenir de réponse précise à ma question sur ce qui devait différencier, suivant lui, le christianisme chinois du christianisme occidental ; il affirme qu'il y a dans le Confucianisme et dans le Bouddhisme des principes de vie parfaitement compatibles avec le Christianisme et qui devront subsister, de même que certaines doctrines concernant la vie à venir, comme par exemple la réincarnation. En causant avec ces Orientaux, on sent combien il est difficile de les amener à l'idée que le Christianisme, plus et mieux qu'un code de morale, est une personne vivante et agissante.

Après déjeuner, ce même jour, nous allâmes en voiture visiter la Mission des Jésuites établie à

Sikawei, à 8 kilomètres de Shang-Haï, et dont la notoriété est due surtout à un observatoire météorologique dont les prévisions, d'une exactitude remarquable, sont utilisées par tous les navires qui voyagent dans la Mer de Chine; nous fûmes pilotés dans cette course par un jeune Français, depuis plusieurs années chef d'une maison de commerce, dont l'accueil a été charmant; il nous a comblés de prévenances, nous faisant inscrire d'office comme membres temporaires du principal club de Shang-Haï ; dans son bureau, j'ai retrouvé un ancien membre de l'Union Chrétienne de Paris, charmant garçon très aimé à la rue de Trévise. L'équipage de notre compatriote nous conduisit, à travers les belles rues et avenues de la concession française, jusqu'à la Mission indiquée plus haut. A l'observatoire, nous fûmes reçus par un Jésuite fort aimable, quoique répandant une odeur douteuse, le père Froc, qui nous fit les honneurs de ses instruments fort ingénieux pour recueillir les observations atmosphériques, instruments un peu anciens, du reste, puisqu'ils avaient figuré à l'Exposition de Paris 1867 ; il est tout de même bizarre de voir des missionnaires transformés en astronomes ; sans la soutane, rien n'aurait empêché de prendre le Frère Froc pour un fonctionnaire distingué du bureau des Longitudes. A quelques centaines de mètres de l'observatoire, se dressent les bâtiments d'un orphelinat où l'on recueille des tas de petits Chinois abandonnés ; on fait, de ceux et de celles qui survivent, des apprentis en divers travaux manuels ; on essaie plus tard de les marier et on les lâche à Shang-Haï et ailleurs. Bien que n'étant pas sans critiques, il y a là une œuvre vraiment intéressante

Shang-Haï. — *Observatoire de Sikaweï*

et à certains égards remarquable ; les bâtiments sont bien situés, proprement tenus et les enfants y semblent heureux. Nous avons visité l'atelier des sculpteurs sur bois où l'on débite des collections d'images de sainteté; c'était vraiment curieux de voir avec quelle exactitude et même quel sens artistique ces gamins coupaient et sculptaient le bois, sans jamais prendre une seule mesure sur les modèles qui leur sont confiés.

Plus loin, une vaste imprimerie édite une quantité de publications franco-chinoises. En quittant l'établissement, nous fûmes salués par un brave pensionnaire sourd et muet, auquel on avait appris à parler et qui, pour montrer ses talents, nous récita avec volubilité, d'une manière absolument distincte, tout en étant naturellement incompréhensible pour nous, le Pater Noster chinois ; c'est du moins ce que nous expliqua notre guide, un Jésuite bienveillant, parlant français avec un fort accent tudesque. Avant de rentrer à Shang-Haï, arrêt à un Collège international dirigé par des Chinois, où les délégués de la Conférence s'étaient donné rendez-vous et furent harangués par plusieurs mandarins de haut rang à boutons de corail ou autres substances précieuses.

Le soir, après un dîner plantureux au Club, sur l'invitation de Th..., nous allâmes, en compagnie du comprador, visiter la rue des Théâtres. Le dit comprador est l'intermédiaire obligé de toute maison française qui fait des affaires en Chine ; c'est un Chinois, souvent fort riche, par l'entremise duquel se traitent toutes les opérations commerciales, moyennant une commission qu'il est permis de qualifier d'une manière générale de déshonnête.

Notre Chinois nous emmena dans un théâtre brillamment éclairé où chaque spectateur, assis à une table, a devant lui une théière chinoise accompagnée d'un petit plat de bambou sucré, vraiment très mangeable ; le spectacle se compose d'une pièce militaire mettant aux prises, avec une belle ardeur, des réguliers et des Boxers, le tout accompagné par beaucoup de tam-tam et des clameurs partant aussi bien des acteurs que des spectateurs ; la scène est une simple estrade. Des draperies tendues sur des portants figurent indifféremment un champ de bataille, ou bien encore une forteresse ou un intérieur familial. Au bout de 10 minutes, nous en eûmes assez et nous nous empressâmes de regagner nos pénates.

Ce matin, dimanche, excellent culte à l'Union Church, qui, ici comme dans toutes les colonies anglaises d'Extrême-Orient, réunit d'une manière fort heureuse les fidèles de nombreuses dénominations, à l'exception des anglicans et des épiscopaliens.

Puis ce furent les adieux à bon nombre d'amis vus au Japon et retrouvés en Chine..... et le départ.

CHAPITRE SIXIÈME

Le golfe du Petchili. Pékin. La Grande Muraille. Les Tombeaux des Ming

29 Avril.

Nous venons d'avoir la joie inattendue d'un vol d'hirondelles qui se sont abattues sur le pont et depuis ce matin nous escortent, voletant autour du bateau, se reposant et se laissant approcher ; pauvres petites bêtes, venues des côtes lointaines de la Chine, et allant vers les mers du Sud. Sauf cet incident, la journée a été comme d'habitude assez monotone, mais avec une mer très calme, parfois du brouillard, provoquant le lugubre mugissement du sifflet de notre machine. Le bateau qui nous transporte appartient à une Compagnie d'exploitation de mines qui a construit le port où nous allons aborder.

30 Avril.

Ce matin, à 10 h. 1/2, nous sommes en vue du promontoire derrière lequel s'abrite Port-Arthur.

En passant sur cette mer qui recouvre tant de cadavres et de vaisseaux engloutis, les vers de Victor Hugo reviennent naturellement à la mémoire :

O flots ! que vous savez de lugubres histoires !

Nous n'avons rencontré, du reste, aucune mine ; on nous racontait hier que notre bateau, lors de son précédent voyage, en avait aperçu une ; on était allé avec mille précautions lui attacher une chaîne grâce à laquelle on l'avait remorquée pendant un certain temps ; enfin, elle avait fait explosion sans causer de mal à personne et le bateau avait ainsi gagné la prime de 6 mille francs pour chaque mine détruite.

Il fait très beau temps et au lieu d'arriver demain matin à destination, nous y serons ce soir vers 9 heures ; nous passerons la nuit à bord, faute de train pour nous transporter de suite à Pékin.

3 Mai.

Je vous écris aujourd'hui d'une immense et somptueuse chambre de la légation de France, où je suis hébergé depuis avant-hier soir, grâce à l'amabilité de notre ministre à Pékin. Chaque matin, je déguste mon thé dans une tasse en porcelaine de Sèvres aux armes de la République ; c'est vous dire, suivant l'élégante expression de J. de P..., que nous nous vautrons dans le luxe.

PÉKIN. — *Un fiacre chinois*

Reprenons la chronique. Après avoir passé une nuit paisible dans notre immobile couchette, notre bateau étant à quai au port de Chin-wang-tao, nous prenions le train à 8 h. 45 pour Pékin. C'est une Chine bien différente de celle du sud qu'on traverse, et à première vue, beaucoup moins civilisée ; les villages sont entourés de murs crénelés ; la couleur locale s'est présentée à nos yeux sous la forme des voitures du pays qui sont aussi celles de la capitale, à deux roues bardées de grosses lames de fer, la caisse en forme de châsse recouverte d'étoffe bleue : une mule pour traîner l'équipage ; nombre de Chinois déambulent aussi, assis à califourchon sur l'extrême arrière-train de leur âne. La contrée est plate et aride : beaucoup de poussière. Dans notre wagon, un superbe wagon-salon avec fauteuils mobiles confortables, un bizarre assemblage de Français, Anglais, Américains, Belges, Japonais, Chinois. Pour se rafraîchir, les Chinois emploient un singulier procédé ; le boy de service leur apporte de petites serviettes mouillées et brûlantes ; ils se les promènent sur la figure, la tête et le cou avec une évidente satisfaction : l'évaporation de ces vapeurs chaudes produit, paraît-il, une fraîcheur délicieuse.

A mesure que nous approchons de Pékin, il fait de plus en plus chaud, si bien que nous nous sommes trouvés en arrivant ici avec une température du gros de l'été, tandis que la veille, en mer, nous grelottions sous nos vêtements d'hiver. A Tankou, nous fûmes salués par l'enseigne de vaisseau commandant les canonnières françaises, accouru sur les instructions de M. Bapst ; c'était curieux de voir tout à coup, au milieu de la foule chinoise, ces uniformes français et, près d'eux, les autres uniformes de toutes les nations de l'Europe. Entre Tien-Tsin et Pékin, le pays est d'une platitude dont rien ne peut donner une idée ; il n'est pas moins d'un vif intérêt, car on revoit, par la pensée, les étapes de l'armée de secours, venant, à l'époque des tragédies de 1900, au secours des légations assiégées ; parfois un édifice en ruines rappelle encore le passage des troupes alliées. Enfin, à 6 heures, apparaît dans le lointain la première grande muraille de Pékin ; le train la longe pendant un quart d'heure, puis y pénètre brusquement comme par une brèche et vient, après un trajet encore assez long, s'arrêter au pied de la seconde grande muraille, qui entoure la ville chinoise proprement dite, devant la porte sous laquelle, au moyen d'un égout, les troupes alliées sont entrées, le 12 août 1900, dans Pékin. Ces murailles entourent une prodigieuse étendue de terrain et se développent sur une longueur de je ne sais combien de kilomètres ; mais l'espace entre les deux premières murailles est presque encore la rase campagne. Les créateurs de Pékin n'ont pas vu leur rêve grandiose réalisé tout à fait ; actuellement la capitale ne compte plus guère que 300.000 habitants, alors que Tien-Tsin en compte 2 millions ; ici, comme partout, l'essentiel est, suivant l'expression chinoise, de « sauver la face » ; la capitale de la Chine doit être une ville immense et puissamment fortifiée ; aussi chaque porte d'enceinte est-elle surmontée d'un donjon en brique, qui est percé de meurtrières pour d'innombrables canons ; malheureusement, les canons manquent et toujours pour « sauver la face », on les remplace par des volets en bois sur lesquels on peint les bouches des dits canons.

A la gare, nous avons trouvé M. Bapst, escorté de gendarmes français qui, faisant l'office de commissionnaires, enlèvent nos bagages à la force des poignets au milieu d'un grouillement intense de vociférants Célestes, et dans la victoria du Ministre, conduite par un soldat de marine, nous nous dirigeons par la rue des Légations jusqu'à la légation de France. Depuis la révolte des Boxers, toutes les légations, dont le personnel, avec les soldats des divers pays, constituent presque exclusivement la colonie des Européens résidant à Pékin, forment comme une ville à part adossée à la muraille fortifiée et entourée d'un mur d'enceinte continu. Chaque légation a son parc ; celui de la France renferme, outre l'hôtel imposant du Ministre, des maisons plus modestes pour les Secrétaires, attachés, etc... Nous apercevons en passant la maison de notre ami B..., entourée d'un rempart formidable de caisses et de ballots ; le nouveau Secrétaire est arrivé depuis deux jours et procède laborieusement à son installation.

Notre première visite, hier matin, au réveil, fut pour une Université chinoise, sur l'invitation d'un très aimable professeur français, M. G..., attaché à la légation et avec lequel nous avions dîné la veille ;

PÉKIN. — *Légation de France*

cette Université a ceci de très intéressant, qu'elle est un témoignage irrécusable du bouleversement actuel de toute l'antique instruction chinoise. L'enseignement absolument moderne qui s'y donne indique bien qu'il se prépare dans ce pays une révolution intellectuelle extraordinaire, dont nous avons eu le premier écho à Shang-Haï. Fondée il y a cinq ou six ans, cette Université occupe l'ancien palais d'une princesse de la famille impériale, formé d'un labyrinthe de contructions entremêlées de cours, de passages, et au milieu desquels il faut un guide sûr pour ne pas se perdre; des amphithéâtres, des collections d'histoire naturelle, de géologie, des salles de cours de droit, lettres, sciences, des laboratoires de physique et de chimie, et tout cela, administration et instruction, presque exclusivement entre les mains de Chinois ; il n'y a que 12 professeurs européens ; de fait, ce qu'on vient surtout apprendre, ce sont des langues étrangères. Il y a 5.000 étudiants, qui tous vivent à l'Université où ils ont leur chambre et leur réfectoire. Conduits par M. G..., et par un de ses élèves parlant un peu le français, nous avons tout visité en détail, y compris les cuisines, assez sales du reste, où nous avons admiré la dextérité des cuisiniers chinois à préparer en un clin d'œil des plats fort compliqués. Les étudiants ont tous les âges, depuis le jouvenceau jusqu'à l'homme respectable aux 60 ans sonnés ; ils passent là deux ans, et puis espèrent une place dans l'Administration. Ce qui est extraordinaire, c'est l'ardeur avec laquelle ils étudient ; ils ne sortent pour ainsi dire jamais de l'Université, se contentent de la vie la plus frugale du monde et, sauf le temps des repas et du sommeil, travaillent sans désemparer ; comme les Japonais, les Chinois ont un besoin d'apprendre vraiment étonnant et devancent singulièrement sur ce point les occidentaux.

Une rue de Pékin. Corbillard chinois

Notre seconde visite, hier après-midi, fut pour le célèbre Temple du Ciel, dont l'Empereur est le Dieu en sa qualité de Fils du Ciel et où il vient deux fois l'an honorer par un sacrifice solennel son céleste Papa. Ce temple se compose d'un nombre considérable de bâtiments semés dans un immense parc clos d'une double rangée de hautes murailles ; au milieu de la poussière, des odeurs infectes et du bruit de la ville, c'est un délicieux asile de fraîcheur et de silence ; çà et là, des prairies émaillées de fleurs, des bois d'énormes thuyas plusieurs fois centenaires, aux troncs en spirale, et au milieu desquels apparaissent les constructions : c'est d'abord l'habitation de l'empereur, précédée d'une vaste terrasse aux balustrades en marbre blanc sculpté et dans laquelle il doit passer, en jeûne et en prières, la nuit précédant le sacrifice ; puis l'autel du sacrifice, une vaste terrasse découverte, ronde, à plusieurs étages, et enfin, aux deux extrémités d'une allée dallée, deux temples immenses, recouverts de tuiles bleues vernissées.

Tout cela a un cachet d'imposante grandeur et en même temps de délabrement ; c'est la solitude, l'abandon ; l'herbe pousse entre les pavés ; une fois au printemps et une fois en hiver cette solitude se peuple ; l'empereur sortant de son palais parvient au Temple après avoir suivi une longue voie étroite de plusieurs kilomètres de longueur ; sur son passage toutes les maisons sont closes ; toutes les rues transversales sont fermées par d'épais rideaux, aucun œil profane ne doit voir la chaise à porteurs du Fils du Ciel. Ajoutons que le Temple et son parc sont accessibles au commun des mortels ; on peut se promener librement dans ces bois merveil-

PÉKIN. — *Temple du Ciel. Le siège de l'Empereur*

leux ; les Européens peuvent y aller, à la fraîcheur et à l'ombre des grands thuyas, faire de joyeux pique-niques, savourant le champagne à l'endroit même où quelques jours auparavant Sa Majesté sacrifiait au milieu d'un appareil solennel et d'une cour imposante. Le Chinois n'a aucun respect de la religion, ou du moins ce respect s'allie avec une forme d'abandon vraiment déconcertante ; on garde son chapeau, on fume dans le Temple du Ciel, le plus sévère cependant ; la vraie religion du Chinois païen est le culte des ancêtres.

Au sortir du Temple, nos ricksaws nous conduisirent, à travers un dédale de petites rues poussiéreuses, aux ornières immenses, chez des marchands de fourrures ; les fourrures sont des produits qu'il faut voir à Pékin et acheter si l'enflure de la bourse le permet. Les magasins pékinois n'ont aucun rapport avec ceux que nous connaissons : aucune vitrine, une porte basse ; il faut traverser deux ou trois petites cours fort sales et l'on trouve le Chinois majestueux et placide derrière son comptoir ; on peut du reste le faire venir à domicile ; chaque jour la légation reçoit ainsi plusieurs visites et, tout en dégustant son café, on fait déballer des assortiments d'étoffes tissées, de riches broderies, de vieilles porcelaines, etc...

Pour terminer la journée, dîner de 12 convives à la légation, entre autres un jeune ménage S..., qui a assisté au siège des légations en 1900. M. S... vient de me raconter cette tragique histoire, ce

PÉKIN. — *Temple du Ciel*

siège de 54 jours pendant lequel on avait presque perdu tout espoir de délivrance ; où les attaques étaient incessantes et où le salut n'a résulté que de la lâcheté des Boxers qui n'ont pas osé donner l'assaut ; ils se contentaient de tirer de loin en restant cachés et en ne s'approchant que de nuit pour chercher à incendier.

Nous allons remettre notre courrier avec celui du Ministre à un jeune attaché qui part demain pour Paris par le transsibérien.

4 Mai.

Pour éviter la trop grosse chaleur, nous sommes sortis ce matin de bonne heure, accompagnés par notre fidèle interprète bénévole, M. G..., pour continuer la visite des curiosités de Pékin, contournant la ville interdite, dont l'enceinte en pierre, couronnée de tuiles jaunes et bordée d'un large fossé, se prolonge à perte de vue, enfermant le Palais de l'Empereur et ses innombrables dépendances. Nous passâmes au pied de la montagne de charbon, colline artificielle tristement célèbre dans les fastes du siège des légations ; c'est de là que les Boxers tirèrent sur les légations ; dans le temple de Confucius, que nous fûmes voir ensuite, on montre une stèle en pierre avec des caractères gravés par Confucius lui-même ; dans les cours, d'autres stèles énormes sur des tortues géantes conservent les pensées profondes écrites par nombre d'empereurs sur les grands sages de l'Empire ; ces cours sont ombragées de vénérables thuyas que le gardien nous affirma, sans rire, dater de plus de trois mille ans ; le fait est qu'on les conserve avec un soin

PÉKIN. — *Escalier de marbre du Temple de Confucius*

tellement jaloux que lorsqu'une branche morte tombe, on la remet en place en l'attachant avec du fil de fer.

Non loin de là se trouve le temple de la Littérature, remarquable par une grande pièce où les empereurs venaient méditer et écrire devant une table, maintenant recouverte d'une vénérable poussière ; l'empereur actuel étant un parfait crétin, il se garde d'écrire et de méditer et l'édifice est passablement délabré, mais les thuyas, les balustrades, portiques en marbre blanc qui l'entourent lui font un cadre admirable. Nous terminâmes la matinée par une visite au temple des Lamas, sorte d'énorme monastère abritant une quantité de bonzes mongols à la tête hérissée, sales comme des cochons et effrontés mendiants ; il y a à leur tête un Grand Lama qui ne le cède en vénération qu'à son collègue de Lhassa. Ce temple ou plutôt cette suite de temples renferme de pures merveilles sous forme d'anciennes tapisseries chinoises et surtout de chandeliers et énormes brûle-parfums en vieux cloisonné d'un prix inestimable ; dans ce dernier temple, une idole de bois mesurant au moins 15 mètres de haut et dont la dimension est rendue plus saisissante par la petitesse relative du temple qui l'abrite ; il faut lever la tête presque verticalement pour apercevoir cette face gigantesque, grimaçante, qui se perd dans les poutres de la charpente ; devant d'autres bâtiments, des centaines de petits ex-voto bénis, en terre cuite peinte, dont le bonze de service ne se fait aucun scrupule de céder quelques exemplaires moyennant finances.

Plus tard dans la journée, nous allâmes visiter l'institut industriel où se fabriquent les cloisonnés ;

cette fabrication est la plus extraordinaire qu'on puisse imaginer. Sur l'objet en cuivre qu'il s'agit de décorer, des ouvriers, avec une incroyable patience, collent des fils de cuivre en saillie et for-

PÉKIN. — *Portique polychrome du Temple de la Littérature*

ment le dessin ; ces fils, d'une ténuité extrême, sont au préalable façonnés à la main en forme de feuille ; puis l'objet, ainsi décoré en relief avec une minutie dont rien ne peut donner une idée, est mis au four afin de fixer solidement cette sorte d'armature ; on remplit ensuite tous les interstices avec des émaux de diverses couleurs ; on recuit deux ou trois fois et on polit ; c'est invraisemblable quand on pense au bon marché relatif de ces objets ; il est vrai de dire que la main-d'œuvre n'est pas chère ; un bon ouvrier arrive à gagner 30 fr. par mois, et comme il lui suffit de 0,25 par jour pour sa nourriture, on ne peut pas dire qu'il soit malheureux.

7 Mai.

Je reviens de la Grande Muraille ; nous partirons demain pour Tien-tsin ; il faut nous dépêcher si je veux raconter aujourd'hui cette belle expédition, car il s'agit bien d'une expédition ; la veille au soir, le Ministre avait envoyé son cuisinier avec deux boys pour préparer les logements ; nous partîmes nous-mêmes dimanche matin dans la voiture de Son Excellence, conduite par un soldat et que précédait un mafou, pour la gare du sud de Pékin, où l'on arrive après un trajet de 7 kilomètres presque en entier le long d'une seule rue absolument droite qui se prolonge sur, au moins, 12 kilomètres ; cela donne une idée des dimensions de Pékin...

A la gare, nous trouvons un superbe wagon-salon tendu de soie bleu-ciel, comprenant une antichambre, le salon proprement dit, avec deux grands canapés-couchettes ; une alcôve, une autre chambre, un office, un grand lavabo, des tables, une cuisine ; de somptueux et vastes fauteuils, lustre etc., bref, une vraie voiture d'empereur ; nous nous

En route pour la Grande Muraille. Le wagon-salon

y installons, M. Bapst, son jeune secrétaire, M. G..., déjà nommé, J. de P..., et moi. A 11 heures, après avoir traversé toute la plaine qui entoure la ville et vu de loin les tours des pagodes du Palais d'été, nous arrivions à Nank-kou, au pied de la montagne ; les chaises à porteurs et les ânes qui forment la principale monture du pays nous attendaient et vingt minutes plus tard, après avoir franchi la porte de la petite ville, nous suivions la rue principale pavée de dalles disjointes, pour aboutir enfin à l'auberge de l'endroit. Une auberge chinoise se compose d'une cour où flânent pêle-mêle des coolies, des ânes, des cochons ; tout autour, de petites pièces, fermées par des cloisons en papier de riz, qui sont les chambres à coucher ; le lit est une simple estrade de pierre sur laquelle on étend des nattes ; aussi, si l'on veut à peu près dormir, doit-on apporter avec soi un lit de camp ; jugez d'après cela du personnel et des bagages que comporte une semblable expédition ; avec les porteurs et les boys, notre caravane comprenait 22 personnes et 5 ânes. C'est dans ces courses que l'on peut apprécier le savoir-faire des braves Chinois ; en arrivant, nous trouvons la table mise avec verrerie, vaisselle, argenterie, venant de la légation. Menu succulent et varié, fricoté par le cuisinier sur un rudimentaire fourneau, improvisé dans le coin d'une pièce.

A 1 heure, bien lestés, nous partons pour le tombeau des Ming, les uns en chaise à porteurs, portées par quatre coolies trottinant en cadence à pas menus et qui communiquent à tout l'appareil un petit balancement qui n'est pas sans charme ; les autres, à âne, de petits ânes trottant ou galopant et munis d'une selle rudimentaire sur laquelle l'équilibre est tant soit peu instable ; on change de temps à autre de mode de locomotion et on se repose en variant le genre de fatigue, car à la longue, ces cour-

L'auberge de Nank-Kou. Les chaises à porteur

ses, qui durent plusieurs heures, presque sans arrêt, vous brisent les reins et cela d'autant plus que les chemins, où plutôt les pistes tracées à travers champs, sont extrêmement rocailleuses et dures.

Pour aller aux tombeaux, on longe pendant trois heures environ la base de la montagne aride et dénudée ; on traverse un ou deux pauvres villages

En route pour les tombeaux des Ming

dont les habitants nous dévisagent avec curiosité ; parfois, on rencontre des troupeaux de chèvres à long poil ; nous arrivons enfin devant un magnifique arc de triomphe à cinq portiques tout en marbre blanc datant du xve siècle et qui marque l'entrée des tombeaux ; ce monument est admirablement conservé ; il est formé d'énormes pierres et de traverses de plusieurs mètres d'un seul bloc ;

Sur la route des tombeaux des Ming. Une halte

toute la pierre est ciselée avec une finesse extrême ; sous cet arc de triomphe, la vue s'étend sur un cirque de montagnes désolées, bornant l'horizon à 7 ou 8 kilomètres plus loin ; on distingue à peine avec la jumelle les tombes impériales ; on aura une idée de l'immensité de cette nécropole quand on saura qu'il y a 7 kilomètres en ligne droite de l'arc d'entrée jusqu'aux tombes ; on suit une route aux

Tombeaux des Ming. Arc de Triomphe

dalles disjointes, pour arriver à un second portique qui abrite une stèle portée sur la tortue symbolique et entourée de 4 colonnes de marbre blanc sculpté ; puis commence la voie triomphale, bordée sur une longueur de plus d'un kilomètre d'anciennes statues de pierre de grandeur colossale, chacune d'un seul bloc de granit et se faisant vis-à-vis. D'abord deux paires d'animaux variés, puis des mandarins militaires et civils, successivement debout et agenouillés ; toutes ces figures, admirablement sculptées, prennent un aspect fantastique et saisissant ; encore un arc triomphal, et une demi-heure de marche nous amène à la tombe de l'empereur Youn-Lu. Chaque tombe comprend tout un ensemble de constructions enclos de murs ; précédée de portiques, une salle immense supportée par une forêt de colonnes de bois ; un autel de pierre et, enfin, un tertre ou plutôt une colline plantée de thuyas centenaires, sous lesquels repose le souverain ; c'est vraiment impressionnant et unique au monde ; les autres tombes, construites sur le même plan (il y en a 8, sauf erreur), se succèdent, mais à des distances telles qu'il faut plus d'une journée pour les visiter toutes. La dynastie des Ming est celle qui a précédé la dynastie actuelle ; il n'en reste plus qu'un descendant qui, chaque année, vient vénérer ses ancêtres et leur offrir un sacrifice ; ces temples sont tous passablement abandonnés, cependant rien n'est en ruines, et c'est une impression particulière et unique que l'on éprouve en parcourant ces énormes édifices mornes et silencieux, dans ces plaines désertes et qui cependant restent intacts et défiant l'effort des siècles.

Nous ne rentrâmes qu'à la nuit noire et après dîner, chacun portant sa lanterne et trébuchant dans les pierres, nous rejoignîmes notre wagon

Tombeaux des Ming. La voie triomphale

remisé sur une voie de garage où nous passâmes une excellente nuit.

Le lendemain, départ à 7 h. 1/2 pour la Grande Muraille. Cette fois, nous nous enfonçons dans la

Tombeaux des Ming. La voie triomphale. Les Mandarins de pierre

montagne en suivant la route commerciale qui, à travers la Mongolie, va à Ourga, en Sibérie; c'est par là que passe la totalité des caravanes faisant le transit entre la Chine du Nord et la Russie ; aussi, est-ce un défilé incessant de mules, de voitures chinoises à deux roues, de palanquins et surtout de longues théories de chameaux portant en particulier le fameux thé de

Caravane de chameaux dans la passe de Nank-Kou

caravane ; les pesantes bêtes s'avancent d'un pas lent et cadencé à la file indienne, chaque chameau ayant une corde passée dans le nez et attachée à la queue de celui qui le précède ; le dernier chameau porte une énorme cloche qui, lorsqu'elle cesse de tinter, prévient le conducteur marchant en tête que la file est rompue ; c'est une marche incessante ; je n'exagère pas en disant qu'à l'aller et au retour, nous avons croisé chaque fois au moins 300 chameaux. La route est plutôt un large sentier pavé çà et là d'énormes pierres ; elle serpente au fond d'une vallée dans laquelle, malheureusement pour le pittoresque, on construit un chemin de fer dont le seul mérite est de constituer une vivante antithèse entre la Chine d'hier et celle de demain ; j'ajoute aussi (signe des temps) que tout le personnel de ce chemin de fer, depuis le dernier des coolies jusqu'à l'ingénieur en chef, est exclusivement chinois. Quelques villages en cours de route. Nous faisons de courtes haltes pour charbonner, sur les murs des auberges, des inscriptions genre Touring-Club : « Attention aux chameaux », etc... Ces exercices épistolaires étaient, du reste, examinés avec un grand sérieux et une grande admiration par les Chinois de l'endroit ; un Monsieur qui sait écrire (un lettré) est un personnage important ; nos inscriptions étaient surtout destinées à la course insensée Pékin-Paris en automobiles, dont les véhicules vont débarquer sous peu à Tien-tsin, pour prendre la route que nous suivons ; on pourra peut-être porter à dos d'homme les automobiles le long de cette route, mais quant à les y faire passer par leur propre moyen, cela je les en défie bien.

A mi-chemin, la route passe sous le mur d'enceinte d'une petite ville fortifiée dont j'ai oublié le nom ; la porte, vraie merveille d'architecture et de sculpture, a, comme particularité, une grande inscription en 6 langues qui doit faire

Passe de Nank-Kou. La Grande Muraille

le bonheur des amateurs d'épigraphie. Enfin, à midi, nous arrivons à la Grande Muraille ; c'est un énorme serpent de pierre qui escalade toutes les cimes et qu'on voit se profiler à perte de vue sur le ciel. La muraille a environ 5 mètres d'épaisseur ; on peut la suivre, tantôt en montant des pentes d'une raideur déconcertante, tantôt dégringolant beaucoup plus bas ; on croit rêver quand on pense

Sur la Grande Muraille

que ce prodige du travail humain se poursuit ainsi pendant 5 mille kilomètres ; il y a là pour les amateurs de sport inédit une occasion unique : faire la Grande Muraille d'un bout à l'autre ; nous autres, plus modestes, nous nous contentâmes de l'escalader pendant une demi-heure, pour atteindre un point culminant d'où l'on embrasse un vaste horizon : d'un côté, la campagne chinoise se prolongeant à l'infini ; de l'autre, la plaine de Mongolie fermée au nord par une autre chaîne de montagnes ; nous passâmes à la porte de Chine deux heures, occupées en partie par un excellent déjeuner sur l'herbe et les pierres, préparé par le cuisinier qui nous avait précédés et qui avait trouvé le moyen, avec un fourneau de fortune fait de pierres plates, de nous confectionner un menu gargantuesque : œufs brouillés aux croûtons, choucroute aux saucisses, œufs braisés aux petits pois, etc... Ces Chinois sont vraiment étonnants ; ils avaient tout apporté à dos d'âne : vaisselle, verrerie, bois, eau, et descendant avant nous, le dit cuisinier avait encore eu le temps de nous apprêter un bon dîner pour notre arrivée. A 7 heures, nous étions de retour, poudreux, las, mais enchantés d'une excursion qui en vaut certes la peine.

Ce matin, pendant que, dans notre confortable wagon, nous achevions notre toilette et dégustions notre premier déjeuner, le véhicule, accroché en queue du train, se mettait en marche, et deux heures plus tard, nous rentrions dans la capitale.

Nous avons « fini » Pékin cet après-midi en allant tout d'abord inspecter l'Union Chrétienne, modeste local destiné aux soldats des troupes étrangères et que fréquentent surtout les Japonais ; il doit bientôt faire place à un bâtiment dû à la générosité de M. Wanamaker. Nous voyons, en passant, l'arc de triomphe servant de monument expiatoire de l'assassinat par les Boxers, en 1900, du ministre d'Allemagne, M. Kettler.

Enfin, pour finir la journée, exquis pique-nique dans le parc du Temple du Ciel, sous la voûte vénérable des thuyas et éclairés par de nombreuses lanternes chinoises et coréennes, sur l'invitation du ménage B..., avec le Ministre et quelques autres convives ; loin du bruit et des poussières infectes de la grande ville, nous avons passé là des moments exquis ; l'équipage du Ministre nous a ramenés à grande allure, précédés du « mafou », faisant ranger tous les véhicules chinois, salués militairement par les policemen chinois et les factionnaires de la légation. Demain, nous serons à Tien-tsin et saurons alors seulement comment nous continuerons notre voyage pour gagner la Corée, soit par chemin de fer, soit par bateau, ce qui serait infiniment moins fatigant.

CHAPITRE SEPTIÈME

Tien-tsin. La Corée. Chemulpo. Seoul. Fusan.

11 mai 1907.

C'est décidément le voyage par mer qui l'a emporté, mais non sans péripéties ni difficultés. Je suis en ce moment paisiblement installé sur le pont d'un steamer japonais, en rade de Chefou, restant presque seul à bord, alors que tous les passagers ont voulu débarquer pour tâter le plancher des vaches, après 24 heures de navigation ; de mon fauteuil, je vois, éclairée par un brillant soleil, la vaste rade avec de nombreux navires de toutes nationalités ; un rivage surmonté de collines passablement arides et, plus loin, la côte sablonneuse du nord de la Chine. Or donc, mercredi matin, nous nous rendîmes à la gare de Chienmen, qui emprunte son nom à un quartier de Pékin, et bientôt après, nous filions pour Tien-tsin, accompagnés d'un lot considérable d'Anglais, d'Américains, participant à la Conférence de Tokio et qui accomplissaient le même tour que nous ; nous pûmes heureusement, dès notre arrivée à Tien-Tsin, trois heures plus tard, nous assurer une cabine dans le *Santo-Maru,* se rendant à Chemulpo, sur les côtes de Corée ; nous renoncions décidément à Port-Arthur ; avec le temps limité dont nous disposions, la chose n'était pas possible.

Le lendemain, nous quittons notre hôtel de Tien-tsin à 6 h. 1/2, pour arriver à 8 heures à Tank-Kou, petite ville au bord du Peïho, d'où la chaloupe à vapeur conduit les passagers en rade, c'est-à-dire en pleine mer, les navires ne pouvant approcher ; le vent soufflait en tempête, si bien qu'après nous avoir fait poser jusqu'à midi à bord de la malheureuse chaloupe, on est venu nous dire qu'on ne partirait pas ce jour-là ; non sans maugréer, nous reprîmes le chemin de Tien-tsin, ne pouvant nous décider à rester jusqu'au lendemain dans cette affreuse bourgade de Tank-Kou où résident quelques malheureux soldats français et n'ayant pour toute consolation que de constater la justesse du dicton qui affirme que le difficile n'est pas d'arriver à Pékin, mais d'en repartir.

Le port de Tien-tsin est le plus abominable qui soit au monde ; la côte est absolument plate, si plate que la mer se retire à plusieurs kilomètres de distance ; la barre est faite de sable mouvant qui change constamment de place et sur laquelle, suivant la direction du vent, il n'y a souvent que trois ou quatre pieds d'eau ; les navires doivent donc se tenir à 15 ou 20 kilomètres de la côte et souvent même, comme ce fut le cas pour nous, on reste un jour ou même plus sans pouvoir aller accoster. C'est cependant sur cette côte qu'ont eu lieu les deux débarquements de troupes européennes en 1860 et en 1900 ; on montre encore le reste des forts chinois de Takou, bombardés et pris par les troupes alliées grâce aux canonnières, qui, ayant forcé l'entrée du fleuve, purent les prendre à revers et, en faisant sauter la poudrière, déterminèrent la fuite des Chinois.

Notre retard forcé eut au moins l'avantage de nous permettre une très intéressante visite aux deux sections de l'Union Chrétienne de Tien-tsin, l'une sur le settlement (territoire occupé par les européens), l'autre dans la ville chinoise ; cette dernière est installée dans une vaste maison chinoise avec son dédale habituel de cours, coupées par des constructions à un seul étage, aux murs en bois découpé et tendus de papier de riz. Nous fûmes très aimablement reçus par les deux secrétaires dont chacun a son logement particulier dans l'enceinte de l'Union ; nous fîmes aussi la connaissance du secrétaire chinois, qui, pour nous montrer le crédit dont jouissait son œuvre, nous exhiba non sans fierté une lettre du fils du vice-roi, s'excusant de n'être pas venu à une réunion deux jours auparavant. Nous prîmes congé de cet aimable Céleste non pas en lui donnant la main, mais en serrant notre main droite dans notre main gauche, tandis qu'il accomplissait le même geste. Tout en absorbant le thé offert par Madame Robertson (c'est la femme de l'un des secrétaires), nous causâmes de l'œuvre, qui, paraît-il, donne beaucoup d'encouragements ; la grande attraction, ce sont les cours du soir ; de fait, ici comme dans tout l'Orient, l'Union Chrétienne apparaît tout d'abord comme un établissement d'enseignement secondaire ; les cours y sont nombreux et très suivis et donnent lieu à des diplômes qui ont une valeur véritable auprès des autorités chinoises ; l'œuvre religieuse n'en reste pas moins au premier plan et comme le but essentiel des efforts du secrétaire ; chaque année il y a des conversions nombreuses au christianisme, et d'autant plus sincères qu'il existe à Tien-tsin des préjugés tenaces contre les chrétiens. Le christianisme ne jouit pas ici des mêmes facilités qu'au Japon ; un chrétien ne peut encore occuper une fonction publique ; on a lieu d'espérer du reste que cet état de choses ne tardera pas à se modifier.

Dans les deux courses en ricksaws, nécessitées par nos visites, nous pûmes apprécier dans toute son horreur ce qu'est un coup de vent à Tien-tsin ; il pleut très rarement et les vents violents du nord soulèvent de tels tourbillons de poussière jaune, que l'air en est obscurci d'une manière continue et que, pendant des heures et même des jours, on vit dans un brouillard aussi intense que celui de Londres dans les plus mauvais mois ; je vous laisse à penser ce que l'on absorbe de poussière par les yeux, la bouche et le nez ; c'est absolument suffocant.

Le lendemain au réveil, à 5 heures, toujours le vent dont la lugubre musique traverse portes et fenêtres ; nous reprenons sans conviction le train pour Tank-kou ; enfin les Japonais se décident à partir, et, empilés tant bien que mal sur notre chaloupe, cinglés par la bise, nous commençons à descendre le Peïho, couleur café au lait ; nous étions déjà presque arrivés en mer lorsque, sans mot dire, l'ancre est jetée et nous restons immobiles ; il paraît que nous étions partis trop tôt et qu'il fallait attendre le plein de la marée pour traverser la barre ; nous passâmes ainsi à l'ancre trois mortelles heures, rendues plus insupportables par l'état de viduité absolu de notre estomac qui n'avait rien absorbé depuis 6 heures du matin ; nous n'accostâmes notre navire qu'à 4 heures et pendant qu'il levait l'ancre et reprenait la haute mer, notre premier soin fut de « nourrir la bête ». Tous ces petits ennuis qui ont aussi leur charme sont maintenant oubliés ; nous sommes au calme et au confort ; demain soir, Dieu voulant, nous serons à Chemulpo d'où j'expédierai ma correspondance.

12 Mai.

Nous avons continué notre route sur la vaste mer calme et paisible ; ce matin, vers 10 heures, nous apercevions les côtes de Corée et bientôt après, nous entrions dans la baie de Chemulpo, lieu fameux dans les annales de la guerre russo-japonaise ; c'est le théâtre du premier combat entre la flotte nippone et des malheureux navires russes, qu'on força à soutenir une lutte inégale et glorieuse ; on nous montra sur la côte l'endroit où les deux navires criblés de balles vinrent s'échouer et bientôt sombrer.

Nous venons d'avoir un petit service religieux, dirigé par un missionnaire en Corée, qui nous raconta des choses fort intéressantes au point de vue de l'évangélisation de ce pays ; c'est ainsi que, dans une occasion récente, des Coréens consacrèrent bénévolement, qui huit jours, qui un mois et même plus, à des tournées d'évangélisation ; le médecin missionnaire qui nous parlait ainsi est médecin de l'empereur de Corée et a causé longuement avec son illustre patient du christianisme. Il a la ferme confiance que l'empereur qui n'est, du reste, qu'un fantôme de monarque, depuis que les Japonais sont dans le pays, se convertira au christianisme.

Aussitôt l'ancre jetée, une chaloupe nous débarqua au milieu de la masse grouillante des coolies ; les Coréens me sont apparus tout de blanc vêtus, avec les cheveux relevés en chignon formant trognon de chou, le chef couvert d'une sorte de chapeau haut de forme, noir, à larges bords, fait de crins de cheval entrecroisés et ressemblant aux cloches dont on recouvre les plats pour les préserver des mouches. Non sans peine, nous réussîmes, nous et nos bagages, à nous caser dans un train qui nous amenait, une heure plus tard, à Séoul. Je

Une rue de Séoul. Femme coréenne

rédige ces lignes de l'hôtel tenu par un Français, ultra rempli, et où nous ne pûmes nous caser tant bien que mal, que grâce à notre qualité de compatriotes.

Séoul, 15 Mai.

Nous venons de passer dans la capitale deux jours bien remplis de choses nouvelles et intéressantes. Je ne parlerai guère du pays que je n'ai pu voir que pendant le trajet d'une heure et demie en chemin de fer qui sépare le port de Chemulpo de Séoul : contrée assez accidentée, mais terriblement aride ; seules les rizières mettent une note verte sur le gris uniforme des rochers. Séoul est pittoresquement située au milieu d'un cirque de collines abruptes et au bord d'une large rivière que franchit le pont du chemin de fer.

A noter, tout d'abord, la bizarrerie du costume féminin : on voit passer des Coréennes entièrement couvertes d'un voile de légère soie verte avec deux manches flottant au vent et qui ne laissent apercevoir qu'un bout de nez et un œil ; ces manches, qui partout ailleurs serviraient à loger les bras, constituent, dans ce pays, pour le beau sexe un simple ornement ; il paraît qu'autrefois elles n'existaient pas ; mais à la suite de je ne sais plus quel combat fameux où les femmes se distinguèrent très particulièrement pour le salut de la patrie, elles ont été autorisées à accrocher, de chaque côté de leur voile, une manche pour lui donner l'apparence d'un vêtement masculin. Certains hommes, au lieu du chapeau noir décrit plus haut, portent une espèce de casque blanc en treillis ; cela indique qu'ils sont fiancés ; d'autres portent la queue comme les Chinois : ce sont les célibataires, autrement dit les jeunes garçons, car les Coréens se marient entre 18 à 20 ans et sont souvent fiancés dès l'âge de 14 ans ; c'est ainsi que la presque tota-

SÉOUL. — *Femme coréenne au lavoir*

lité des membres de l'Union Chrétienne de Séoul, malgré leurs figures de jouvenceaux imberbes, sont mariés et heureux pères de famille.

Notre première visite à Séoul fut pour notre

consul, M. Belin, auquel nous voulions demander l'autorisation de visiter l'ancien palais de l'empereur. M. Belin, qui habite une superbe résidence, autrefois légation française, nous reçut fort aimablement et nous fit espérer d'obtenir pour nous une audience du marquis Ito, le célèbre homme d'Etat du Japon, qui préside aux destinées de la Corée, depuis que ce malheureux pays, qui ne connut jamais la liberté, a passé sous le protectorat du Japon.

Hier matin, nous commençâmes notre exploration par la visite d'une mission médicale américaine, représentée par un hôpital très bien agencé et par des salles d'école. Le souvenir qui m'est resté frappant de cette visite est celui des ardentes supplications d'une pauvre vieille coréenne ayant une sœur malade et disant au docteur : « Vous la guérirez tout à fait, n'est-ce pas ? » On comprend quel puissant moyen de propagande peut être un établissement dirigé par des chrétiens et dans lequel les médecins du corps ont toute facilité de devenir ceux de l'âme.

Nos ricksaws nous conduisirent ensuite jusqu'à l'un des seuls monuments remarquables de Séoul : une pagode de marbre blanc admirable, ciselée, sculptée dans le style indou. Nous traversâmes pour y arriver une grande partie de la ville qui n'est du reste qu'un gigantesque village, où les avenues d'une largeur démesurée sont bordées de masures plutôt que de maisons, sans étages, au toit en général couvert de chaume ; dans ces avenues, antithèse maintenant banale pour nous dans les pays d'Orient, les poteaux télégraphiques chargés de fils et les tramways électriques.

Environs de Séoul. Le Bouddha blanc

Le souvenir des Coréennes me rappelle le second costume féminin que j'ai oublié de décrire ; il se compose d'une jupe blanche et d'un boléro également blanc ; seulement, sous le boléro, il n'y a rien, si bien qu'entr'ouvert il laisse apercevoir avec une naïve impudence dans l'espace qui le sépare de la jupe, ces appâts rebondis qui de toute antiquité ont fait la joie et l'espoir des nourrissons.

Dans l'après-midi, nous fîmes une très intéressante promenade en dehors des murs de la ville pour voir ce qu'on appelle le « Bouddha blanc », grande figure du dieu, sculptée à même un énorme rocher dans une vallée sauvage et agreste au bord d'un torrent. Sortis par une porte de la ville, nous rentrâmes par l'autre, après avoir contourné une haute et abrupte colline.

Nous passâmes par la porte de Chine, ainsi nommée parce qu'elle s'élève sur l'emplacement où les représentants de l'Empereur de Chine venaient chercher le tribut dû par la Corée au temps où elle était vassale de la Chine. A la suite de la guerre sino-japonaise, la Corée a été affranchie de cette suzeraineté et en souvenir de l'heureux événement, on a élevé un superbe arc de triomphe, amère ironie, du reste, puisque la Corée, depuis la guerre russo-japonaise, est tombée sous le joug, ou peu s'en faut, de ses libérateurs de la veille.

16 mai.

Je me suis interrompu, faute de temps, avant-hier soir et je reprends la plume de Shimonoseki où nous avons débarqué après avoir passé la nuit à bord d'un excellent steamer qui nous a fait franchir le détroit séparant la Corée du Japon.

Notre seconde soirée à Séoul fut employée d'une manière intéressante à assister à une réunion de l'Union Chrétienne, « *Social evening* » ; programme composé de projections lumineuses, d'audition de gramophone, de musique bizarre, sorte de mélopée plaintive et de deux discours de deux Américains de passage. J'ai noté, en ce qui concerne les projections lumineuses, qu'après avoir fait passer successivement l'empereur de Corée, le roi Edouard et le Président des Etats-Unis, on avait soigneusement omis de montrer le Mikado; c'est que les Japonais sont incontestablement détestés de la population coréenne et que la situation des missionnaires anglais et américains amis ou alliés des Japonais est assez délicate ; pour gagner la confiance du peuple, il importe qu'ils glissent comme chat sur braise sur ces alliances politiques. L'intérêt de la soirée résidait surtout dans la composition de l'assistance : environ 600 Coréens assis par terre, pressés les uns contre les autres comme des sardines en boîte, vêtus de l'immuable robe blanche et le chef couvert de l'inamovible chapeau noir qu'ils n'ôtent que pour se coucher. L'Union Chrétienne à Séoul est importante : environ 1.000 membres ; on y retrouve comme dans tout l'Orient un besoin intense d'apprendre ; les cours du soir sont extrêmement fréquentés et cependant l'Union n'a à sa disposition que de très étroits locaux dispersés dans une cour malpropre ; mais elle a bénéficié de la générosité de M. Wanamaker et on nous a fait inspecter le grand terrain donnant sur l'une des rues principales de la ville, où va s'élever à son intention un grand bâtiment à trois étages.

Le lendemain matin, nous allions prendre M. Belin, et sous sa conduite, nous nous dirigions vers la résidence du marquis Ito. Nous fûmes reçus à l'entrée de sa demeure, assez modeste d'ailleurs, par le secrétaire particulier de Son Excellence, petit Japonais parlant français, qui nous introduisit dans un salon à l'européenne orné de splendides peintures japonaises sur velours ; sur une table, un immense bol en argent ciselé, don de l'Impératrice ; les domestiques apportèrent le thé traditionnel, une vaste boîte pleine de cigares et de cigarettes ; bientôt le marquis parut. C'est un homme de 67 ans, à la barbe presque blanche, le front haut, la poitrine ornée du grand cordon de l'Ordre du Chrysanthème ; il nous tendit la main avec beaucoup de cordialité ; la conversation s'engagea en anglais, et après quelques phrases banales de remerciements pour la sympathie marquée par le marquis pour la Conférence de Tokio, celui-ci nous parla d'une manière très intéressante de son œuvre en Corée ; la tâche est difficile ; il s'efforce de montrer beaucoup de douceur et d'affection, mais il se plaint de ce que son exemple n'est guère suivi par les Japonais qui viennent peupler le pays, et qui sont, affirme-t-il, « des gens peu honnêtes, cherchant à faire rapidement fortune sur le dos des habitants » ; il qualifie les Coréens de gens paisibles, facilement maniables, travailleurs

SÉOUL. — *Visite au Marquis Ito. Le secrétaire du Marquis. M. Belin, consul général de France*

dans les campagnes, mais paresseux dans les villes ; il a beaucoup de peine à faire aboutir les réformes projetées, tous les décrets devant être signés par l'empereur dont les conseillers, suivant un usage constant, promettent beaucoup et ne font rien.

Le marquis Ito est très enthousiaste de la civilisation occidentale et souhaite de voir son pays entrer de plus en plus en contact avec les pays de l'Occident ; il nous a rappelé qu'il avait été un des premiers à préconiser l'ouverture du Japon aux étrangers au moment de la Révolution ; j'ai fait allusion à l'accord qui venait d'être signé entre la France et le Japon et notre hôte a paru sincèrement se réjouir de ce nouvel état de choses ; ce qui n'est du reste guère surprenant, puisque la France reconnaît formellement la situation du Japon en Corée.

Au bout d'une demi-heure, nous prîmes congé et allâmes rendre visite au général Murata, aide de camp du marquis, ami de M. Belin. Ce général a fait un apprentissage militaire en France et parle parfaitement notre langue.

A peine avions-nous fini de déjeuner que nous reçûmes la visite du petit secrétaire du marquis en grand uniforme, chamarré de décorations, qui venait nous apporter les cartes cornées de Son Excellence. Le déjeuner fut pris chez le secrétaire de l'Union, ou plutôt chez sa femme et sa mère, M. Gillet étant absent pour deux jours ; nous reçûmes là une députation officielle de deux Coréens, membres de l'Union Chrétienne, nous invitant à dire le même soir quelques mots à une réunion ; l'un des Coréens, assez nul du reste, est le neveu de l'empereur.

Nous passâmes notre après-midi à visiter l'ancien palais de l'empereur, immense masse de constructions inutilisées et délabrées, mais entourées d'un

En compagnie de deux membres de l'U. C. de Séoul. Au milieu le neveu de l'Empereur de Corée

admirable parc dont les arbres superbes font contraste avec l'aridité du pays ; ces arbres servent surtout de demeure à des tribus de hérons qu'on voit planant dans le ciel ou posés sur les branches ;

il y a ainsi deux palais inutilisés et abandonnés, et cependant l'empereur continue à faire construire sans cesse ; il paraît que cette rage de construction est le résultat d'une prophétie disant que quand

SÉOUL. — *Les Jardins du vieux palais*

l'empereur cesserait de construire, la contrée serait réduite en servitude.

Le soir venu, nous allâmes, comme promis, à l'Union Chrétienne, mais le conférencier annoncé n'est pas venu et nous avons dû, J. de P... et moi, faire presque tous les frais de la réunion et de véritables allocutions ; je ne l'ai pas regretté, car ce n'était certes pas banal et en tous cas profondément bienfaisant pour nous Français d'avoir apporté le message chrétien si nouveau pour la plupart de nos auditeurs qui du reste, comme partout ailleurs, ont été parfaitement attentifs et recueillis.

Hier matin, après avoir pris congé de nos amis de Séoul, nous montions dans le train qui mit toute la journée, par une forte chaleur, à nous transporter à l'extrémité de la presqu'île coréenne, à Fusan. C'est un beau port très développé par les Japonais, qui comporte des usines, des chemins de fer, des magasins de toute sorte. Dans la rade, 4 torpilleurs japonais. Fusan est le port principal d'escale et le centre de ravitaillement du Japon en Corée.

CHAPITRE HUITIÈME

Second séjour au Japon. Osaka. Myanoshita. Tokio

17 mai.

Je suis arrivé à Osaka hier soir après une journée employée à côtoyer la Mer Intérieure en chemin de fer; rarement ai-je fait un voyage aussi pittoresque ; le train suit presque tous les contours de la côte et à chaque instant ce sont des échappées toujours nouvelles sur un décor d'îles boisées et pittoresquement découpées, baignées par une mer calme et limpide comme un lac ; de petits villages avec des plages de sable fin et des flottilles de pêche ; c'est vraiment une admirable nature ; J. de P..., qui n'a pas les mêmes raisons que moi de s'arrêter à Osaka, est descendu à Myashima pour aller passer 24 heures dans l'île du même nom, qui n'est séparée de la terre ferme que par un quart d'heure de traversée en bateau à vapeur ; du train je peux contempler cette île d'où mon compagnon va sans doute me rapporter des descriptions enthousiastes. Pour moi, après une nuit passée à l'hôtel d'Osaka, j'ai pu, grâce à l'obligeance de M. F. B... qui m'a procuré les autorisations voulues et un guide, visiter 3 manufactures d'Osaka et faire ample provision de renseignements fort intéressants et utiles : une usine métallurgique pour la fabrication du matériel de chemins de fer, une fabrique d'allumettes et une brosserie ; celle-ci (fait rare) fondée par des Français, avec des capitaux français, et qu'un employé français nous a fait visiter.

Pour la première fois dans cette visite, j'ai vu émettre des craintes au sujet des progrès du socialisme au Japon ; les idées de grèves politiques font des progrès ; les ouvriers n'ont pas d'organisation syndicale, mais dans chaque usine il y a des meneurs auxquels les autres obéissent docilement ; la situation est beaucoup plus simple avec les femmes, soumises et faciles, et qui, partout où la chose est possible, sont employées de préférence aux hommes ; mais vraiment les conditions du travail justifieraient de sérieuses réformes ; j'ai eu particulièrement cette impression en visitant une fabrique d'allumettes ; on y emploie jusqu'à des enfants de 6 ans ; on voit ces malheureux gosses accroupis dans un cadre de bois, ayant d'un côté des monceaux de boîtes, de l'autre des monceaux d'allumettes, remplir fiévreusement les unes avec les autres ; ils font cela avec une dextérité étonnante, et cependant c'est tout juste s'ils arrivent à gagner

0,18 par jour, à raison de 2 centimes 1/2 par 150 boîtes remplies. La loi oblige les enfants à faire 6 ans d'écolage, de sorte que, normalement, ils ne devraient être employés dans les usines que vers 12 ans ; on tourne la difficulté en leur faisant suivre, le service de l'usine terminé, des cours du soir.

De fait, il n'y a point de législation ouvrière au Japon et tout ce qui a été fait pour les ouvriers au point de vue des accidents vient de l'initiative privée ; inutile de dire combien cette absence de loi de protection ouvrière peut engendrer les plus terribles abus.

Tokio, 20 mai.

Nous avons bouclé la boucle de notre voyage en Chine, qui aura juste duré un mois ; il me semble qu'en arrivant ici, je me retrouve « at home », home provisoire, fort heureusement. Ma dernière journée à Osaka a été occupée par deux visites d'établissements industriels. D'abord, la Monnaie, superbement aménagée, munie des machines les plus perfectionnées ; puis, dans l'après-midi, une immense brasserie dont les machines du dernier modèle viennent d'Allemagne. Cette usine avait autrefois un personnel d'ingénieurs allemands, mais on les a tous remerciés pour ne plus occuper que des Japonais ; du reste, dans toutes les usines, je n'ai pas trouvé un seul ingénieur européen ou américain ; la brasserie en question m'a paru surtout remarquable par la division du travail, pour ce qui est de la mise en bouteilles, collage des étiquettes, mise en caisses. Dans un immense hangar, 4 à 500 petites Japonaises étaient occupées à ce travail ; l'une coupe les étiquettes, une autre les gomme, une troisième pose l'étiquette, une quatrième achève de la coller et ainsi de suite. Puis les bouteilles sont emballées et enfin transportées sans une minute d'arrêt sur le camion qui les emporte.

J'ai trouvé, là comme ailleurs, quelques institutions de prévoyance sociale fort primitives et qui donnent un peu l'impression, tant au point de vue des salaires que des heures de travail, que la main d'œuvre féminine, surtout, est fortement exploitée.

A 7 heures, samedi soir, je prenais le train pour aller, après une nuit de voyage, rejoindre J. de P..., et passer le dimanche de Pentecôte dans un site réputé du Japon, à Myanoshita. On arrive à cette localité montagneuse par un tramway électrique qui part d'une petite ville située au bord de la mer. J'eus à attendre ce tramway, ce qui me permit d'aller me promener le long d'une vaste plage où venaient se briser avec fracas les grandes vagues du Pacifique : sur cette plage, des pêcheurs remaillant leurs filets ; des petits enfants tout nus se faisant éclabousser par les vagues et allant chercher dans l'eau des morceaux de bois qui, précieusement mis en tas, devaient servir à faire cuire le repas de la pauvre famille ; la grève est ombragée de grands pins-parasols au tronc tordu laissant entrevoir entre leur feuillage d'un vert sombre les pentes gracieuses du Fuji-Yama couvert de neige. Bientôt le petit tramway s'engageait dans une vallée verdoyante et me déposait au bout d'une heure à Yumoto ; de là, pas d'autres moyens de locomotion que les ricksaws ou les jambes ; je m'empressai de profiter de ce dernier moyen, et suivi d'un coolie portant mon sac, j'eus la jouissance, depuis des semaines inconnue, d'une bonne course à pied d'une heure et demie dans un frais petit chemin de montagne où l'on respirait un air pur et léger sous un ciel sans nuage ; j'aurais pu, à certains égards, me croire dans nos montagnes d'Europe : chemins rocailleux et étroits avec les raccourcis classiques : une épaisse végétation, le murmure du torrent aperçu par des échappées parfois à une grande profondeur ; pas de grandes forêts de sapins et de mélèzes, il est vrai ; pas le scintillement éblouissant des glaciers ; mais en revanche, au bord du chemin, des fleurs rares pour nous autres, rappelant, par la délicatesse de leurs nuances et la finesse de leur forme, les plus belles orchidées. Au détour du chemin, une maison de thé aussi propre et blanche que si elle sortait d'une boîte, avec ses fenêtres en papier de riz, et devant elle, dans une vasque faite d'une vieille pierre moussue, une eau jaillissante comme une source, ombragée par un énorme buisson d'azalées aux fleurs rouges. Je croisai des petits bambins aux jambes nues sous leur kimono qui les fait ressembler à des petits vieux en robe de chambre ; ils se rendaient en bande à l'école, leurs livres soigneusement enveloppés dans un mouchoir aux vives couleurs ; ou bien c'étaient des filles portant dans leurs mains une branche d'azalée en

Myanoshita

fleurs qu'elles contemplaient avec amour. La passion de ce peuple pour les fleurs et pour la nature en général est quelque chose de délicieux. Dans le tramway mentionné plus haut, le « Fuji », à un détour du chemin, se montra dans toute sa splendeur ; ce fut une émotion générale ; on ne quitta plus des yeux la montagne sainte, que mon voisin me faisait admirer avec une mimique expressive.

J'arrivai enfin à Myanoshita dans un hôtel réputé pour son confort et pittoresquement situé au flanc de la montagne ; j'étais en retard d'une heure sur l'horaire prévu, et J. de P..., désespérant de me voir arriver, était parti pour une expédition de toute la journée au lac de Hakoné ; je me suis vu ainsi réduit à moi-même, mais la solitude a parfois du bon, même lorsqu'il s'agit d'un aussi parfait compagnon de route que le mien. Je commençai par me restaurer : excellent déjeuner avec un régal de beurre frais et de fraises ; on ne se figure pas ce que c'est que de n'avoir jamais que du beurre rance, ignorer les légumes verts et se contenter en fait de fruits de vieilles bananes ou d'oranges à la pelure fripée ; c'est le cas dans tout l'Orient, et connaître le beurre frais et les fruits de notre vieille Europe produit l'impression que durent éprouver jadis les affamés du siège de Paris.

Après déjeuner, course à pied de 2 heures en compagnie d'un guide qu'on m'avait déclaré indispensable, mais qui ne me servit guère qu'à porter mon vérascope pour parcourir les plus jolis sites de ce district. Myanoshita est célèbre par ses sources : sources d'eau chaude en particulier, et sources sulfureuses : ce ne sont partout que cascades et petits torrents ; dans un petit village, l'eau arrive à 20 ou 25° directement dans un bassin qui sert, m'a-t-on dit, aux bains des indigènes ; on se baigne en famille avec la simplicité des mœurs antiques. Comme on le sait, les Japonais n'ont pas sur la pudeur les mêmes notions que nous ; on me citait, à ce propos, le cas d'un européen ayant fait la connaissance d'un officier japonais et présenté par celui-ci à sa femme dans la piscine où tous les trois prenaient leurs ébats dans le costume de nos premiers parents ; on voit les hommes travailler presque nus, allant et venant au milieu des personnes « du sexe » comme on disait jadis ; ce qui est inconvenant au Japon, ce n'est pas de montrer ses jambes, mais ses bras ; on me racontait à Osaka qu'un policeman zélé et pudibond avait fait rentrer dans sa maison une Européenne qui avait eu l'impudence de faire sortir sa fillette avec les bras nus ; j'ajoute, pour la vérité du récit, que le policeman fut vertement admonesté pour son manque de perspicacité.

Ma jonction avec de P..., fort satisfait de sa journée, s'opéra à l'heure du dîner.

Lundi matin, à l'aube, je réintégrais la capitale en voyageant dans un express exclusivement composé de troisièmes, absolument bondé. Les japonais voyagent énormément, grâce au bas prix des transports, et les voyageurs donnent ici souvent des recettes supérieures à celles des marchandises.

J'eus à peine, à l'hôtel, le temps de faire ma toilette, avant de recevoir un Japonais socialiste,

Sur la route du lac de Chuzenji

Sakae, pour lequel j'avais une lettre d'introduction et que j'avais invité à déjeuner. La conversation fut laborieuse à cause de la connaissance plutôt rudimentaire de l'anglais qu'avait mon hôte ; tant bien que mal, il répondit à mes questions et me donna quelques détails intéressants sur la condition des ouvriers ; d'ailleurs, son socialisme m'a paru très théorique ; il consiste surtout en un maigre rabâchage du patois socialiste qu'on trouve partout, sans rien d'original ni de nouveau ; il paraît que les idées nouvelles font beaucoup de progrès parmi les étudiants ; on compte qu'elles gagneront ensuite la classe ouvrière. Plusieurs socialistes japonais, dit Sakae, étaient à l'origine très favorables au développement du Christianisme ; ils le regardent maintenant avec beaucoup plus de défiance, depuis que les Eglises chrétiennes se sont « dégradées » — c'est son expression — en acceptant l'appui et l'approbation du Gouvernement et de l'Empereur.

23 Mai.

Le récit des trois journées qui viennent de s'écouler ne serait guère intéressant, car elles ont consisté presque uniquement en achat de japonaiseries ; ce qui sera surtout intéressant, ce sera le déballage de mes curiosités à mon retour à Paris. Visite aussi dans une confortable chambre d'hôpital anglais à l'un de nos camarades, malade de neurasthénie et d'anémie ; c'est un effet du climat du Japon, reconnu comme assez débilitant. Les Japonais ont un moyen original de combattre les effets de leur climat ; ils prennent chaque jour un bain à une température très élevée : quelques-uns vont jusqu'à 60° ; les guides recommandent aux étrangers de suivre ce traitement ; je l'ai fait pour mon compte et m'en trouve bien.

Mardi, je suis allé déjeuner chez notre ami M. B... ; j'ai pu admirer de ses fenêtres la récréation d'une école de garçons et de filles ; ces enfants mettent à leurs jeux un entrain et une vie extraordinaires, et pourtant, paraît-il, se disputent très rarement ; une maîtresse d'école, à laquelle on demandait quel était le genre de punition infligé dans son établissement, n'a pas compris, la chose étant inconnue au Japon par suite de la docilité exemplaire des écoliers.

Ce matin, visite d'adieu à notre ambassadeur, M. Gérard, qui, d'un bout à l'autre de notre séjour, a été plein d'attention et de prévenance pour nous ; nous lui en gardons une profonde reconnaissance.

CHAPITRE NEUVIÈME

Nikko. Kioto. Hikone

Nikko, 29 mai.

J'ai terminé toutes mes affaires à Tokio et à Yokohama, et maintenant, de nouveau en pleine nature agreste et montagneuse, je reprends le récit de mes pérégrinations.

Le 24 mai, nous quittions notre hôtel de bonne heure pour aller d'abord, après un interminable parcours en tramway, jusqu'au temple de Kwannon, à Asakusa. C'est un temple très populaire, et bien que ce ne fut pas jour férié, on s'y rendait en foule. Le tramway était plein de Japonais et de Japonaises du peuple ; une mère donnait à téter à son dernier né avec une touchante impudence ; comme partout, le temple est précédé d'une foule de petites boutiques ; les adorateurs de la déesse y sont nombreux ; à côté de l'autel principal, se voit une petite statue tout usée par le contact de nombreuses mains : c'est un bon génie qui a le pouvoir de faire disparaître les maladies et les bobos ; il suffit de toucher sur la statue l'endroit correspondant à celui où l'on a mal ; puis de se frotter la propre partie malade de son corps.

Au sortir du temple, une véritable foire installée

TOKIO. — *Les glycines au temple d'Asakusa*

dans un beau parc, où triomphent les glycines en fleurs.

Nous employâmes le reste de notre journée à visiter l'Exposition ; on y admire de magnifiques porcelaines et des laques d'or tout à fait remarquables. Visité aussi la Galerie des Industries diverses qui permet de constater ce fait, que, de plus en plus, les Japonais tendent à faire tout par eux-mêmes et s'adressent de moins en moins à l'étranger ; seuls, les appareils tout à fait spéciaux portent encore la marque de maisons européennes.

Après un excellent déjeuner, chez M. B.. , nous retournâmes en sa compagnie à l'Exposition, pour assister à la danse des Geishas ; il est assez difficile de définir les Geishas ; ce ne sont ni des actrices, ni des danseuses au sens français du mot, ni des courtisanes, mais des jeunes filles élevées dans une école spéciale, où elles apprennent tous les arts d'agrément propres à la femme ; on leur apprend à jouer du shamisen, sorte de cithare, on les initie aux pratiques élégantes et compliquées de la cérémonie du thé ; on leur enseigne à faire des bouquets ou plutôt à grouper des fleurs avec art, enfin à danser ; au Japon, les réunions sociales, soirées, etc..., n'existent pas ; les maris ne sortent presque jamais avec leurs femmes ; mais entre eux, ils organisent des dîners au restaurant et pour corser l'intérêt de la soirée en y mettant la note féminine, on fait venir les Geishas qui servent le thé, causent, font de la musique et dansent : c'est tout un lot de jeunes personnes de cette catégorie que nous eûmes le loisir de contempler dans une vaste salle de spectacle, où s'entassaient deux mille personnes ; rarement j'ai vu, sur la scène, un pareil déploiement de splendides broderies aux teintes vives et variées et dans une harmonie aussi parfaite, beaucoup plus parfaite que celle des gongs, shamisens et autres instruments maniés par une bande de 24 Japonaises accroupies sur la scène et rythmant les danses ; la seule chose à retenir de ces musiciennes, c'est que décidément les femmes sont plus à leur avantage assises sur leurs talons que sur une chaise. Quant aux danses elles-mêmes, ce sont en général de longs et onduleux mouvements du corps et des bras, des gestes gracieux d'éventail accompagnés de flexions du cou ; tout cela est certainement beaucoup plus gracieux et décent que les ballets de nos théâtres.

Avant de rentrer à notre hôtel, M. Bridel nous conduisit à l'autre bout de la ville, en longeant les murs des parcs de la famille royale, ombragés d'arbres majestueux, jusque chez un éditeur de gravures japonaises, où je fis quelques emplettes intéressantes.

Après une journée employée à porter et expédier une partie de nos caisses à Yokohama et retenir une place dans le Transsibérien — départ pour Nikko par la gare du Nord ; nous visitâmes en route un Institut polytechnique, où un professeur, un Suisse, nous avait invités : c'était le jour anniversaire de la fondation de l'établissement ; on l'avait, pour cette circonstance, superbement décoré ; toutes les classes et ateliers étaient ouverts, et les élèves en faisaient les honneurs. Tous les métiers imaginables sont enseignés dans cette institution, qui a pour but de former des ouvriers d'élite, aussi bien que des contre-maîtres et des artistes ; on y voit non seulement des ateliers de dessin, de peinture, de modelage, de céramique d'art, dont nous avons pu admirer les produits d'un goût très sûr, mais il y a aussi, en vue de l'enseignement professionnel, des machines à filer, à tisser, des laboratoires de physique et de chimie, voire même des appareils de distillation, permettant d'apprendre le métier de parfumeur et de confiseur. J'ai remarqué un élève qui expliquait, en détail, devant un groupe de jeunes garçons, à l'aide d'un modèle achevé jusque dans ses moindres détails, les mystères d'une turbine à vapeur du dernier modèle.

A midi, nous prenions le train pour Nikko, où nous arrivions après quatre heures d'un voyage passablement étouffant.

Un ancien proverbe japonais dit : « Ne prononcez pas le mot *magnifique* tant que vous n'avez pas vu Nikko ». Le fait est que, depuis avant-hier soir, nous sommes en admiration devant cette nature, non pas précisément grandiose, mais remarquablement belle et attrayante. Nikko est située dans une grande vallée, au milieu d'un océan de verdure d'où émergent les rois du pays, les gigantesques cryptomérias, sorte de mélèzes au tronc absolument cylindrique et d'une grosseur énorme, s'élançant d'un seul jet et dans une rectitude absolue

District de Nikko. Sur la route du lac Chuzenji

jusqu'à une hauteur qui n'est certainement pas inférieure à 20 ou 25 mètres ; ces arbres géants forment une véritable forêt abritant çà et là à leur pied, dans la verdure, au milieu des roches moussues, les temples et les tombes des deux grands Shogouns : Iyéyasu et Iémitsu. Je n'oublierai pas l'impression particulièrement solennelle et saisissante que nous eûmes avant-hier soir en nous promenant à la tombée de la nuit, alors que tous les passants et les touristes avaient disparu, sous ces ombrages silencieux, au milieu de ces monuments évocateurs d'un passé mystérieux et glorieux, éclairés par la lune. Nous réservâmes la visite des temples pour la bonne bouche et consacrâmes notre première journée à faire une excursion de 13 heures dans la montagne ; partis en ricksaw, nous atteignîmes, après avoir suivi pendant deux heures le cours du torrent qui serpente au fond de la vallée, le petit village japonais, dont le nom signifie : « Renvoyez les chevaux ». Dociles à cette injonction, nous laissâmes donc là nos coursiers à deux pattes en ne gardant qu'un seul véhicule traîné et poussé par deux coolies pour porter nos manteaux et menus bagages, et à l'occasion, plus tard, tour à tour nos trois personnes, car nous étions accompagnés par un gentil officier français, rencontré pour la première fois pendant la traversée du golfe du Petchili. Le chemin, du reste très facile, s'élève le long des flancs de la montagne et laisse admirer soit de beaux panoramas, soit

Lac de Chuzenji

de belles cascades ; mais le spectacle le plus étonnant encore est celui des azalées magnifiques aux fleurs blanches, roses, mauves, qui éclairent de toute part le feuillage vert ; il y en a qui sont de grands arbres ; c'est un émerveillement de couleurs.

Après deux heures de montée, nous atteignîmes le lac de Chuzenji, joli lac de montagne, lieu de villégiature favori des ambassadeurs européens qui y ont construit plusieurs villas et viennent y passer l'été ; le petit village sert de point de départ à l'ascension d'une montagne sacrée qui domine le lac et que fréquentent chaque année plusieurs milliers de pélerins ; la route part d'un temple et passe d'abord sous un « torii » que les femmes n'ont pas le droit de franchir ; il n'y a d'ailleurs pas bien longtemps que seuls les hommes pouvaient se permettre de gravir la montagne sacrée. Un petit bateau, qui nous conduisit à l'autre bout du lac après une heure de navigation, nous permit d'apprécier sans fatigue les beautés du paysage. Bientôt après notre route nous amena sur un vaste plateau tout entouré de montagnes abruptes et dont la farouche aridité formait un contraste saisissant avec la luxuriante végétation que nous venions de traverser ; quelques arbres épars au maigre feuillage, puis une véritable nécropole d'arbres morts aux branches tordues, aux troncs desséchés, enfin, le reste lamentable d'un vaste incendie qui avait saccagé tout ce coin de pays. Ce désert a été le théâtre d'une bataille célèbre entre deux clans

Lac de Chuzenji. Torii sacré

japonais ; nous en sortîmes pour retrouver — contraste charmant — après une nouvelle grimpée, un second lac aux bords pittoresquement découpés et verdoyants, et à l'extrémité, un petit village, Yumoto, à l'altitude déjà respectable de 5 mille pieds ; nous y trouvâmes dans un air frais et léger de bienfaisantes impressions de montagne. Yumoto est célèbre par ses sources sulfureuses fort recherchées par les goutteux et les rhumatisants ; bien que n'étant, heureusement, atteints d'aucune de ces infirmités, nous acceptâmes avec plaisir l'offre, faite par l'hôtelier, de prendre, avant le tiffin, un bain sulfureux et quelques minutes plus tard, nous nous ébattions avec délices dans une petite piscine en bois blanc, propre comme un sou neuf. En passant près de l'hôtel, nous avions poussé la porte de bains publics et nous nous étions trouvés en présence d'une piscine où des Japonais et des Japonaises prenaient leurs ébats dans une touchante promiscuité et sans la moindre gêne malgré l'absence complète du plus élémentaire costume de bain ; en voyant nos mines effarées, ils se mirent à rire bruyamment.

Reprenant le chemin de Nikko, nous visitâmes une superbe cascade de 250 pieds de haut ; l'eau glisse le long d'une pente très inclinée ; vue de loin, c'est comme une traînée de neige lumineuse rebondissant de rocher en rocher.

Notre séjour à l'hôtel de Nikko fut signalé par un événement fort commun au Japon, mais dont

Lac et village de Yumoto

nous n'avions pas encore fait l'expérience : un tremblement de terre. Nous étions en train de prendre notre déjeuner, lorsque tout se mit à trembler autour de nous ; les murs et les planchers, et les

Cascade sur la route du lac de Chuzenji

carreaux de danser ; la petite servante japonaise, tout en souriant, nous confirma que c'était bien un tremblement de terre ; heureux pays où l'on sourit même de cela !

Ce matin, visite des temples ou plutôt de l'ensemble de bâtiments funéraires qui précèdent les tombes des Shogouns enterrés là depuis 250 ans ; on y accède en partant de la rivière que traverse en

NIKKO. — *Entrée des monuments funéraires du Shogoun Iyeyasu*

cet endroit un pont tout recouvert de laque rouge, pont sacré que seul le Mikado a le droit de franchir.

Construit pour les simples mortels, un peu plus bas, un autre pont moderne et vulgaire de pierre et de fer dont la ligne droite et rigide ne vaut certes pas la courbe harmonieuse du vieux pont sacré ; on monte, pour arriver au temple, une large avenue bordée de cryptomérias ; on passe sous un vénérable torii de pierre moussue et l'on pénètre dans l'enceinte des temples. Je renonce à décrire ces bâtiments épars dans plusieurs cours ombragées de grands arbres, tous plus riches les uns que les autres avec leur décoration de laque rouge ou noire, avec leurs piliers couverts de laque d'or d'un prix inestimable, avec leurs panneaux fouillés en plein bois par le ciseau des plus habiles artistes du XVIIe siècle, qui marque l'apogée de l'art japonais ; les motifs de plantes, d'oiseaux, d'animaux de toute espèce qui décorent ces temples, s'enroulent autour des piliers, grimpent le long des chapiteaux, couvrent le mur, sont d'une intensité de vie et de coloris admirables. Derrière le dernier temple, un escalier de pierre de 200 marches conduit sur la colline ; là, dans un appareil dont la sobriété fait contraste avec les tombes précédentes, reposent sous un mausolée de bronze les dépouilles du Shogoun.

28 mai 1907.

La dernière journée de notre séjour à Nikko, favorisée par un temps idéalement beau, a été employée à visiter les environs immédiats comme aussi les monuments funéraires du second Shogoun et des abbés shintoïstes de Nikko qui sont enterrés là ; dans un des temples, nous assistâmes à un culte shintoïste, fort simple du reste comme rites, célébré par des prêtres vêtus de longs kimonos de soie blanche.

TOKIO. — *Ecole du Dimanche du Pasteur Kosaki*[1]

31 mai.

Dans deux heures, nous quittons définitivement Tokio où nous sommes revenus depuis deux jours

1 Voir Appendice.

après nous être arrachés aux délices de Nikko ; ces deux journées ont été employées aux inévitables préparatifs de départ et à l'expédition de nos caisses, et puis aussi, grâce à l'amabilité d'un haut fonctionnaire du Ministère de l'Intérieur, à visiter l'imprimerie nationale, vaste établissement occupant 3.500 ouvrières et où s'impriment, outre les billets de banque, les timbres ; toutes ces femmes vivant au milieu d'encres d'imprimerie sont vêtues de blanc et..... propres.

Kioto, 2 juin.

Le trajet jusqu'à Nagoya s'est effectué dans d'excellentes conditions grâce à un sleeping-car dont nous étions les seuls habitants et où nous avons pu faire la grasse matinée.

A Nagoya, temps splendide, malheureusement accompagné d'une chaleur quelque peu suffocante. Nous grimpons immédiatement en ricksaw pour nous rendre au donjon, jadis propriété d'un Daïmios fameux qui y avait fait une installation somptueuse, pour recevoir dignement son suzerain le Shogoun ; depuis la Révolution, ce château-fort est devenu propriété impériale ; le château et ses dépendances, construits en bois, sont entourés de murs cyclopéens et de larges fossés ; l'arête du toit du donjon est terminée par deux dauphins tout en or, estimés à un million et que l'on aperçoit du reste difficilement, étant entourés de grillages de fer surmontés de paratonnerres. Ces dauphins ont failli avoir une fin lamentable ; envoyés à l'exposition de Vienne, ils firent naufrage au retour avec

Lac de Yumoto

le navire qui les portait ; il fallut deux ans pour les repêcher du fond de la mer. Les bâtiments qui servent encore, à l'occasion, de demeure au prince impérial sont remarquables par les pannaeux qui séparent les portes et qui sont recouverts de peintures du XVIIe siècle, exécutées par les plus célèbres artistes de l'époque ; oiseaux et animaux divers, branches d'arbres en fleurs, tout cela a cette intensité de vie dont j'ai déjà eu l'occasion de parler. La décoration de l'une de ces salles est instructive et curieuse en ce qu'elle peint des scènes de la vie courante de l'époque du peintre ; on y voit sous ses multiples aspects le vieux Japon pittoresque.

Pendant que nous déjeunions à l'hôtel de Nagoya, agrémenté d'un charmant petit jardin à la japonaise, nous fûmes envahis par les marchands de la ville, marchands de cloisonnés surtout, car il y a les cloisonnés de Nagoya, comme il y a les cloisonnés de Kioto et de Tokio ; sur l'invitation de l'un de ces marchands, nous allâmes, avant de repartir, visiter son atelier : une fois de plus, nous eûmes l'occasion d'admirer l'incroyable finesse et la minutie du travail que représente cette fabrication.

Visité aussi un temple bouddhique, qui, malgré son origine relativement récente (il date des premières années du XVIIIe siècle), a une architecture et des proportions superbes ; remarquable surtout par ses bois sculptés avec une maîtrise sans égale.

Nous prenions le train à 4 heures pour arriver le même soir à Kioto, où nos amis de l'Union Chrétienne nous souhaitaient la bienvenue.

Ce matin dimanche, nous eûmes enfin le privilège, inconnu depuis plusieurs semaines, de prendre part à un culte public en anglais dans le bâtiment d'un collège théologique, la Doshisha School; je passe sous silence le sermon sur « les cieux

KIOTO. — *La Doshisha. L'Ecole de théologie*

qui racontent la gloire du Dieu fort » et qui fut surtout un cours d'astronomie populaire ; mais nous continuâmes à nous replonger dans le bouddhisme en allant visiter le même jour le temple fameux de Kinka-Kuji, très remarquable surtout par ses jardins et son lac pittoresquement découpé, sur le bord duquel un pavillon, au toit entièrement doré, abrite le sanctuaire d'Amida. Ces jardins offrent aussi à l'admiration du visiteur un arbre façonné en forme de bateau et planté, dit-on, en 1397 par Yoshimitsu, le fondateur du temple ; le jardin date de la même époque ; je doute qu'on trouve en France, actuellement, un jardin contemporain du règne de Charles VIII. Le second temple porte le nom d'un homme illustre du XIXe siècle, Kitano : c'est par excellence le temple populaire, où se voient les symboles d'une superstition assez grossière ; c'est ainsi que les jardins sont peuplés de taureaux assis, en pierre ou en bronze, qui ont la propriété de guérir les maladies. J. de P..., que menaçait un fâcheux lombago, s'empressa d'essayer la vertu de ces animaux guérisseurs en promenant avec ardeur la main sur leur échine.

En revenant, nous nous arrêtâmes chez le docteur Saiki, président de l'Union Chrétienne, qui nous avait fort aimablement accueillis lors de notre premier passage. Ce fut la sœur de sa femme qui vint nous recevoir à la porte, car on ne pénètre pas facilement dans une maison japonaise, pour nous dire que le seigneur et maître était justement allé à notre hôtel pour nous voir ; le digne docteur nous attendait, en effet, tout en faisant admirer à l'un des gérants une lame de sabre vieille de 800 ans et qu'il tirait avec amour d'un fourreau en bois ;

le docteur est collectionneur de lames de sabre ; ce goût, quelque peu bizarre, rentre bien dans les habitudes des japonais qui n'installent pas dans une vitrine les objets précieux ; ils les conservent au fond d'un vieux placard et les en sortent de temps en temps pour les admirer en détail en se consacrant exclusivement à cet objet. Le docteur s'étant mis obligeamment à notre disposition, nous allâmes en sa compagnie visiter deux jardins japonais, entourant les maisons de campagne de riches habitants de Kioto ; ces jardins sont fabriqués avec un art admirable, de façon à donner, dans un espace fort restreint, une variété presque infinie de nuances, d'aspects, de perspective ; une petite rivière court sur des cailloux en faisant plusieurs cascades ; chaque pierre a sa forme et sa couleur, calculée avec soin pour prendre sa place dans l'enceinte ; il n'y a qu'au Japon qu'on paie un rocher de médiocre grandeur, tel que celui qu'on nous a montré, 250 fr. ; les allées sont bordées d'azalées qu'on empêche de grandir et qui forment un parterre d'un rose éblouissant.

A la vue du docteur, la Japonaise qui nous avait reçus à la porte se prosterna jusqu'à terre et répéta à diverses reprises ses salamalecs ; nous la prîmes tout d'abord pour une servante bien stylée ; il paraît cependant qu'elle n'était rien moins que la maîtresse de céans : seulement, elle était de la classe des marchands, tandis que le docteur descendait de la classe noble des Samouraïs ; malgré la

Révolution, le respect de la noblesse se conserve ; cela ne vaut-il pas mieux après tout que la platitude occidentale vis-à-vis de l'aristocratie d'argent ?

La journée se termina par une visite au quartier des « étas », les parias du Japon ; issus, dit-on, de prisonniers coréens, ils forment une race à part ; ces malheureux vivent isolés et n'ont aucun rapport social avec le reste de la population ; ils se marient entre eux et habitent dans des taudis infects, en comparaison de la propreté japonaise ; ils exercent le métier de cordonnier et de boucher ; les ruelles de cette malheureuse cité que nous parcourûmes étaient remplies d'hommes et de femmes presque nus.

3 juin.

Aujourd'hui, visite de deux châteaux impériaux ; le premier est l'ancienne demeure du Mikado jusqu'à l'époque de la Révolution ; enclos de murs blancs, il comprend un vaste parc où sont disséminés les bâtiments et les palais ; les profanes y pénètrent par la porte de « l'auguste cuisine » et sont amenés dans une suite d'appartements remarquables par les peintures anciennes décorant les panneaux ; par extraordinaire, on y trouve quelques sièges qui marquent l'époque où l'influence et l'étiquette chinoises étaient de rigueur à la cour du Japon. Dans une salle, le trône de l'empereur, modeste siège orné de nacre, abrité sous une sorte de baldaquin avec des rideaux en soie rouge et noire ; on change ces rideaux, qui ne servent jamais, tous les six mois. Dans la cour, de vieux arbres et des massifs de bambou symboliques ; notre guide, quelque peu facétieux, nous montra, en riant, avec une mimique expressive, l'endroit où le Mikado se lavait : décidément, le respect s'en va ; par une fenêtre, aux vitres de papier de riz, ouverte, nous aperçûmes le délicieux jardin, mais défense de s'y promener. Le second château impérial est l'ancienne demeure des Shogouns ; c'est dans ce palais qu'après la Révolution, le Mikado, devant une réunion de notables, promit une constitution à son pays.

Avant le lunch, nous allâmes encore visiter une école de Geishas, fondée par une association de restaurateurs de la ville, en vue de former ces demoiselles qui seront, plus tard, l'ornement de leurs établissements.

Dans cette école, on enseigne, grâce à une très dure éducation, tout ce qui peut servir à former une jeune fille accomplie, au point de vue de la grâce et de l'agrément des rapports sociaux ; on apprend depuis l'écriture et la couture, jusqu'au chant ; on enseigne la danse, la cérémonie du thé ou l'arrangement des fleurs. L'école est divisée en petites classes, dans chacune desquelles nous vîmes 5 ou 6 élèves attentives aux gestes et aux paroles de la maîtresse, une vieille Geisha ; celle-ci montre tous les mouvements successifs à chaque élève et l'enfant les reproduit avec une perfection admirable ; pendant ce temps, la vieille femme fume gravement sa petite pipe. Tout est gai et souriant dans cet établissement et en rapport avec la profession des élèves.

On peut se payer des Geishas dans des établissements de thé moyennant 2 yen (5 fr. 20) par soirée et par personne. L'instruction, qui commence à l'âge de 4 ou 5 ans pour ne finir qu'à 14 ou 15, est entièrement gratuite.

Notre visite à la Doshisha School, l'après-midi, nous renseigna sur un autre genre plus sérieux d'éducation. Nous y fûmes reçus par l'un des professeurs, qui nous montra en détail l'établissement. La Doshisha est une école privée, fondée il y a une quarantaine d'années par les Missions américaines, sous l'inspiration d'un célèbre pédagogue japonais, Neeshima ; l'administration est actuellement exclusivement japonaise ; 3 des Directeurs, seuls, sont Américains, les autres sont nommés soit par les professeurs, soit même par les élèves ; on y donne l'enseignement correspondant à celui des lycées ; l'inspiration chrétienne, qui a présidé à sa fondation, se retrouve partout : chaque matin, un culte où les élèves sont tenus d'assister ; un jour par semaine, une étude biblique ; l'école comprend une Faculté de théologie. Il y a environ 800 élèves de 12 à 19 ans, dont une partie habite dans des dortoirs dépendant des locaux ; les frais complets de pension et d'éducation sont d'environ 300 francs par an. Les classes terminées, les élèves jouent au base-ball ou font de l'escrime japonaise. Dans la bibliothèque de l'école, je remarquai une vieille affiche sur bois proscrivant la religion chrétienne, et qui, il n'y a pas plus de 37 ans, était encore en place avec une multitude d'autres dans les environs de Kioto. Notre aimable cicerone nous apprit que les jeunes gens japonais travaillent avec beaucoup d'ardeur, mais en faisant agir presque exclusivement et toujours la mémoire ; les autres facultés de l'intelligence sont peu développées ; il est très difficile d'obtenir un travail marquant l'esprit d'analyse ; on nous dit que la faculté de raisonnement et de déduction est très faible chez les Japonais.

La Doshisha comprend également une école de filles tout à fait séparée de celle des garçons, mais sous la même administration.

Ensuite, visite au docteur Saïki, qui nous avait invités de la part de sa mère à une cérémonie de thé ; nous fûmes reçus par Mme Saïki et, pour la première fois, nous pouvions enfin, laissant naturellement nos chaussures à la porte, pénétrer dans une demeure authentiquement japonaise de riches bourgeois. Mme Saïki est fort intimidée, et dans le cabinet de travail de son mari, meublé celui-là à l'européenne, elle se tient assise avec un embarras mal déguisé sur l'extrême bord de son fauteuil, et, cependant, c'est une grande dame ; sœur de la femme de l'un des ambassadeurs du Japon en Europe... Pour passer le temps, en attendant son mari, elle nous montre sa maison ; nous constatons l'absolue nudité des pièces et des corridors, où il n'y a que les murs et le sol ; sol partout recouvert de ces fines nattes de bambou tressées, d'une éblouissante propreté ; elle nous montre en particulier l'exposition de jouets masculins en l'honneur de ses cinq fils. Notre hôtesse a eu son premier enfant à 18 ans. Son mari, arrivé peu après, nous fait admirer les armes de ses ancêtres Samouraï, et, en particulier, un costume de guerrier : armure, casque, etc... encore utilisé par son père lors de la dernière guerre civile, il n'y a guère plus de 30 ou 40 ans.

La Maman habite une petite maison dans le même enclos et nous sommes directement introduits dans la petite salle de la cérémonie du thé ; chaque maison qui se respecte possède cette salle spéciale, qui a une entrée particulière donnant sur l'extérieur : notre hôte nous fit remarquer, dans une petite allée y conduisant, un trou en terre destiné à recevoir, symboliquement, les poussières du cœur, de même qu'ailleurs on enlève les poussières des vêtements et que dans un petit bassin en rocaille on se lave les mains. On arrive ainsi à la cérémonie, pur de corps et d'âme. La cérémonie elle-même est fort compliquée ; suivant un rite minutieux, elle s'accomplit avec une gravité parfaite par la vieille dame qui nous reçoit ; nous sommes tous les quatre, installés à la japonaise, à genoux et assis sur nos talons, et nous contemplons notre hôtesse, dans ses mouvements lents et délicats, façonner le breuvage fameux qui se présente sous la forme d'un liquide mousseux d'un goût très délicat et agréable ; on se sert, dans cette occasion, de thé vert en poudre que l'on boit dans une petite tasse ; à signaler la spatule en bambou, qui sert à puiser le thé dans la petite boite en fine laque ; elle vaut bien 25 sen, valeur marchande, et est estimée 5 mille yen (13.000 fr.) parce qu'elle porte, ou plutôt la boîte où elle est renfermée, la marque d'un célèbre professeur de cérémonie du thé, mort il y a 300 ans.

Nous n'avons que le temps de rentrer à l'hôtel pour dîner et pour aller immédiatement après à l'Union Chrétienne ; nous trouvons un minuscule local bondé de jeunes gens qui lisent ou suivent un cours d'anglais. Dans une salle, une étude biblique nous fournit l'occasion d'adresser quelques exhortations et d'apporter les salutations des Unionistes français à leurs confrères japonais.

En revenant à notre domicile, nous entrons pendant quelques minutes dans un théâtre qui nous fait voir la curieuse manière dont les Japonais changent les décors, par un mouvement de rotation de la scène.

4 Juin.

Journée d'excursion à Nara ; partis le matin de l'hôtel avec un panier de provisions, nous prenions le train qui traverse le district d'Uji, célèbre par ses plantations de thé ; les champs sont entièrement couverts de toits en nattes supportés sur des piquets, pour préserver la précieuse plante des ardeurs du soleil ; la cueillette se fait au commencement de mai et le thé se vend, à Kioto, jusqu'à 7 yen la livre.

En arrivant à Nara, petite ville quelconque, nous nous rendons directement au parc, en suivant une interminable rue bordée, sur une partie de son cours, d'un étang mémorable par le suicide d'une princesse et peuplé d'un nombre inimaginable de carpes et de tortues ; le parc de Nara, résidence des Mikados au VIIIe siècle, est remarquable par ses admirables cryptomérias centenaires et par ses troupeaux de daims sacrés apprivoisés qui viennent manger dans la main. Nous pique-niquons, commodément assis entre les énormes racines des vénérables arbres, puis remontons l'allée principale du parc, bordée d'innombrables lanternes de pierre moussue, et qui aboutit à un temple où, moyennant finance, nous nous payons le spectacle, assez médiocre du reste, de danses sacrées.

De là, visite au temple Kasuga ; les lanternes qui le décorent sont en bronze, celles-là ; on admire dans le parvis du temple un arbre composé de 7 arbres différents, entre autres un cerisier, un camélia et une glycine : il est absolument impossible de voir où les troncs se séparent. Les abords de ce temple, comme tous les autres, sont peuplés

Parc de Nara. Les daims sacrés

de boutiques où l'on vend de menus objets en os, provenant des cornes des daims qui sont coupées tous les ans, ainsi que des sabres, des couteaux de tous genres ; Nara est renommée pour ses aciers ; j'achète un petit couteau ; pour me montrer la bonté de son fil, le marchand, retroussant son kimono, s'en sert pour se raser avec la plus grande aisance les poils de la jambe.

A côté d'un autre temple pittoresquement accroché à une colline boisée, une énorme cloche résonne à une poutre suspendue à des cordes et que l'on lance à toute volée contre ses parois.

Pour finir, visite au grand Daïbutsu de 53 pieds de haut, tout en bronze, malheureusement peu visible à cause des échafaudages qui l'enveloppent ; le dieu est abrité dans un énorme temple en bois.

5 Juin.

Nous consacrons notre matinée à la descente des rapides de Katsouragawa. On commence par aller en train jusqu'à une petite station ; puis on s'embarque sur des grands bateaux en bois blanc à fond plat et même flexible et qu'on voit onduler lorsqu'on passe sur les rochers ; ces barques sont maniées par 4 hommes : deux rameurs et deux hommes armés de perches en bambou pour diriger l'embarcation ; les touristes s'asseoient au milieu du bateau ; la rivière ou plutôt le torrent se fraye passage à travers les multiples détours d'une gorge profonde bordée d'une riche végétation ; les rochers de granit sont encadrés d'azalées aux fleurs roses dont l'aspect sur la pierre grise est ravissant. Les rapides ne sont pas bien terribles, mais cette descente ne manque ni de charme ni d'imprévu. .

Au bout d'une heure et demie de navigation, nous débarquons sur une petite grève ombragée de grands arbres et après quelques minutes de marche, nous arrivons à la station de Saga.

A Kioto, notre après-midi se passa dans les magasins de soieries, de faïences de Satsouma, de bambous, de cloisonnés, où nos bourses s'allègent. Ces magasins sont en général accompagnés de jardins à la japonaise avec de petits étangs où se prélasse la carpe énorme, hôte familier de la maison.

6 Juin.

Accompagnés du docteur Saïki que j'allai trouver ce matin avant 8 heures, nous parcourûmes, sous une pluie battante, le quartier ouest de la ville où habitent les tisseurs de soie qui forment une corporation puissante occupant environ 20 mille personnes ; c'est le triomphe de la petite industrie. Chaque maison renferme un atelier ; on ne s'en douterait pas du dehors, chacun de ces ateliers ayant l'apparence d'une bonne habitation japonaise bourgeoise ; nous visitâmes ainsi trois ateliers d'importance différente ; dans le premier, les ouvriers et la famille vivent en commun ; l'ouvrier gagne très peu, 7 sen par jour, mais il est nourri, logé et habillé comme un membre de la famille ; s'il passe 20 ans chez son patron, celui-ci lui donne un petit capital qui forme la base de son établissement. Dans un atelier plus grand, c'est le système mixte ; dans un plus grand encore, l'habitation chez le patron est l'exception ; il est organisé comme une usine ordinaire ; dans ce dernier, on nous montre une belle collection de tissus de soie de toutes les époques depuis les Egyptiens, et que le Gouvernement français a essayé, mais en vain, d'acquérir.

En me rendant chez le docteur Saïki, j'eus le curieux spectacle des rues exclusivement occupées par des écoliers ou des écolières se rendant à leurs diverses écoles ; c'était un véritable exode ; preuve tangible de la passion réelle qu'ont les Japonais lorsqu'il s'agit d'étudier et d'apprendre ; les écoliers ou étudiants sont toujours reconnaissables à ce qu'ils portent une sorte de jupe, en général violette, par-dessus le kimono.

Dans l'après-midi du même jour, visite d'un nouveau temple, celui de Higashi-Hongwanji, édifice moderne, remarquable par ses belles dimensions et par le témoignage qu'il apporte à la ferveur des fidèles. Il a coûté plus de deux millions, et tout l'argent a été entièrement recueilli par souscriptions populaires ; les femmes, trop pauvres pour donner de l'argent, ont été jusqu'à sacrifier leurs chevelures qui ont servi à faire des câbles pour élever les matériaux de construction ; un rouleau énorme de ces câbles est offert à l'admiration des visiteurs. Dans la cour du temple, une classe de 400 élèves sous la direction d'un officier faisait l'exercice, en attendant l'arrivée du prince impérial annoncée pour le même jour. Il est curieux de constater que les parades militaires suivent absolument les habitudes françaises et rappellent l'influence prépondérante, perdue hélas ! maintenant, qu'avait la France auprès du gouvernement des Shogouns avant la Révolution. Nous visitons ensuite le temple de la bonne déesse Kwannon, qui renferme 1000 statues dorées, grandeur naturelle, de cette aimable personne, alignées dans le vaste édifice comme des soldats à la parade.

9 Juin.

Nous voici en mer, en route pour Vladivostock. Nous avons dit adieu, non sans regrets, à l'aimable Japon où nos deux dernières journées nous laissent sous le charme des choses attachantes qui nous ont entourés. Le départ de Kioto ne s'est cependant pas effectué sans difficultés, grâce à une lettre qui s'est fait attendre ; j'ai dû laisser partir en avant mes compagnons et passer quelques heures supplémentaires à Kioto ; je ne les ai du reste pas regrettées puisqu'elles m'ont fourni l'occasion de rencontrer le cortège du prince impérial et de sa femme, assez mal fagotée à l'européenne, en landau, avec des dames de la cour et suivi d'un grand nombre de ricksaws dans lesquels se prélassaient des dignitaires rabougris, coiffés de hauts de forme d'une époque disparue. Sur le passage du prince, foule nombreuse et silence de mort, pas un « banzai » ; au préalable, un policeman était venu me dire que j'aurais à enlever mon chapeau, ce à quoi je me conformai de bonne grâce.

A 3 heures, je prenais le train qui, après avoir contourné les rives pittoresques du lac Biwa, le plus grand du Japon, nous amena au petit village d'Hachimann, où, à notre grande stupéfaction, nous trouvâmes une Union Chrétienne parfaitement organisée sous la direction d'un jeune américain qui nous en fit les honneurs ; cet Américain avait été appelé comme professeur d'anglais dans une école professionnelle de l'endroit ; à ses heures de loisir, il réunissait quelques jeunes gens chez lui et faisait avec eux une étude biblique ; la direction de cette école prit ombrage de cette propagande discrète et, il y a quelques mois, congédia le professeur ; il faut dire que le bouddhisme est très puissant dans cette région ; c'est ainsi que les chrétiens y sont encore mal vus et qu'il faut un véritable courage moral pour professer le christianisme. Là comme ailleurs, il progresse cependant ; et on y a reconstruit un temple assez spacieux ; ce temple sera contigu au bâtiment de l'Union Chrétienne qui vient d'être acquis au prix de dix mille francs ; malgré ce coût modeste, c'est un bel édifice en bois, de style entièrement japonais ! Il renferme les dortoirs à la japonaise pour une quinzaine de pensionnaires, salles de bains, réfectoire, logement du secrétaire ; tout cela est neuf et propre ; quand nous entrons, quelques employés ou commis sont installés à leur pupitre dans la salle d'étude ; l'Union se recrute principalement parmi les élèves de l'école commerciale ; ils trouvent à l'Union pour 3 yen (7 fr. 80) par mois un logement et une nourriture bien supérieure à celle de l'école ; pour faire concurrence à l'Union Chrétienne, les bouddhistes ont tenté, mais sans succès, de lancer une Union bouddhiste.

Nous n'avons fait qu'une courte halte à Hachimann, et après une nouvelle étape en chemin de fer nous arrivions vers le soir à Hikoné, où nous devions être les hôtes du comte Ii, petit-fils du baron qui, en 1860, au moment de l'ouverture du pays aux étrangers, était le premier ministre du Shogoun ; malgré l'opposition presque générale, ce ministre était partisan résolu de l'ouverture du Japon dont il comprenait l'inéluctable nécessité et il signa le premier traité de commerce avec les Etats-Unis ; bientôt après, il était assassiné. J'avais lu son histoire dans un charmant petit livre qui m'avait été offert comme à tous les délégués, à la Conférence de Tokio. Le comte actuel, désireux de suivre les traditions de son grand-père, est particulièrement accueillant pour les étrangers ; il nous avait invités à être ses hôtes dans l'hôtellerie japonaise construite sur le domaine féodal des Ii, au bord du lac

Biwa ; grâce à lui, notre dernière nuit et notre dernière journée japonaises furent passées dans des conditions particulièrement originales et intéressantes. D'abord réception solennelle à la gare ; à

HIKONÉ. — *Hôtel japonais*

la descente du train, nous nous trouvons en présence du pasteur Sonoda et du maire de la localité, vieillard à barbe blanche, accompagné de plusieurs notables. Après les innombrables salamalecs d'usage, on fait avancer les ricksaws, et au trot, en longue file indienne, nous nous dirigeons, longeant les murs et les fossés du domaine seigneurial, vers l'hôtellerie, où, le front battant le sol, nous reçoivent la maîtresse de céans et ses suivantes. Après avoir comme de coutume laissé nos chaussures à la porte, nous sommes introduits dans un dédale de petites chambres et de petits corridors et aboutissons dans une pièce, donnant sur le lac, aux murs tendus en papier de riz bordé de fines baguettes de laque noire ; pour tous meubles, des coussins de soie épars sur les nattes et dans un vase de bronze une branche d'arbre fruitier en fleurs ; nous ne pûmes nous y reposer longtemps, car on avait organisé à notre intention une réunion à la chapelle, et nous dûmes nous y rendre sans retard. La chapelle est un modeste édifice que nous trouvâmes rempli de braves paysans et paysannes de la localité. Quand les bancs furent tous occupés, les retardataires s'assirent simplement dans les couloirs ; de P... et moi parlons successivement ; allocutions improvisées et fort imparfaites, mais qui furent écoutées avec une attention parfaite et cependant, grâce aux traductions, la réunion dura plus de deux heures : c'est ainsi que nous eûmes le privilège de passer notre dernière soirée au Japon à faire l'œuvre de Dieu. A dix heures, le cortège de ricksaws, sous le ciel étoilé, regagnait l'hôtel. On nous servit à souper dans la chambre précédemment décrite, car dans les auberges japonaises il n'y a pas de salle à manger, chacun mange chez soi ; souper japonais devant une petite table posée sur le sol, éclairée par une lampe à pétrole ; la

HIKONÉ. — *L'hôtel et le lac*

petite servante japonaise, accroupie au milieu de la pièce, nous servait en faisant glisser successivement devant nous les plats qu'on lui apportait ; puis dans une autre pièce, non sans une longue attente, car dans ce pays il ne faut jamais être pressé, la servante dispose nos lits ou plutôt nos « foutans », composés de plusieurs matelas superposés dont on roule une extrémité pour faire un oreiller : comme concession aux habitudes européennes, on pose dessus des draps et une couverture ; on entoure le tout d'une moustiquaire et après avoir fait glisser sur des rainures les écrans de papier de riz qui forment le mur de notre domicile, assis sur le sol, nous faisons notre toilette ; bientôt, étendus sur nos foutans, nous trouvons un sommeil, sinon excellent, du moins suffisant.

Le lendemain à 7 heures, une servante, trottant comme un petit rat, venait nous réveiller en nous annonçant que notre bain était prêt. A 9 heures, un des notables aperçus la veille se présentait, et, en sa compagnie, nous visitâmes d'abord le beau jardin japonais qui entoure l'hôtel, puis le vieux château féodal perché au sommet d'une colline boisée, la tombe de l'illustre Ii, dans l'enceinte d'un temple bouddhiste, et enfin la modeste petite maison habitée par le grand homme dans sa première jeunesse.

Après un dernier lunch franco-japonais, accompagnés à la gare par le même cortège de dignitaires, nous commencions notre dernière étape japonaise qui se termina deux heures plus tard à Tsuruga, port d'embarquement pour Vladivostock. A sept heures du soir la « Baltica », battant pavillon russe, levait l'ancre et nous nous mettions en marche à travers une petite escadrille de torpilleurs japonais. Bientôt, dans une brume bleuâtre, les dernières terres de ce Japon aimable et attrayant disparaissaient à l'horizon, tandis que notre stea-

Au pied du château féodal d'Hikoné. Le Maire et le pasteur Sonoda

mer poursuivait sa marche sur une mer calme comme un lac et sous un ciel constellé d'étoiles. Lorsque la nuit fut tombée, nous nous vîmes entourés de centaines de lumières qui semblaient peupler les flots ; c'étaient autant de barques d'où l'on pêchait à la lueur des torches.

Notre bateau est extrêmement plein ; le lot habituel d'Anglais et d'Américains, auxquels se sont joints des Japonais, entr'autres l'amiral Yamamouchi et quelques Français ; parmi eux un officier, le lieutenant Adam, avec lequel nous faisons bonne connaissance ; nous sommes empilés comme des harengs dans nos cabines ; ce n'est heureusement pas pour longtemps.

CHAPITRE DIXIÈME

Vladivostock. Le Transsibérien. L'Europe

11 juin

Nous voici dans la métropole russe de l'Extrême-Orient; notre voyage s'est effectué paisiblement par un temps admirable ; le brouillard, malheureusement, s'est mis de la partie, si bien qu'à cause des récifs ou des mines flottantes, qui, dit-on, sont encore fréquentes dans ces parages, nous n'allâmes qu'à toute petite vitesse ; pendant quelques instants même, le capitaine semblait avoir perdu sa route ; enfin, un bruit sourd et lointain se fit entendre ; c'était le canon d'Askold qui marque l'entrée de la baie de Vladivostock ; bientôt on distingue la terre ; le pilote monte à bord, la « Baltica » s'engage dans la passe et tout de suite, émergeant de la verdure, la coupole d'une église grecque nous signale la sainte Russie. Nous accostons, et notre dernier dîner à bord avalé, nous allons flâner dans les rues sillonnées des classiques troïkas. Pour la première fois depuis Saïgon, nous revoyons des chevaux traînant des voitures ; cela nous fit un curieux effet.

Vladivostock est une ville étonnante ; née d'hier, elle comprend déjà des rues immenses, bordées de larges trottoirs, des édifices énormes et imposants.

La rade, aux baies nombreuses, est peuplée de navires de commerce au milieu desquels un croiseur et quelques torpilleurs constituent les restes infortunés de la puissante marine russe de jadis ; les rues sont encore de vraies fondrières sur lesquelles les troïkas rebondissent ; sur les trottoirs, une foule hétéroclite ; de brillants officiers russes, des femmes aux toilettes tapageuses, à l'avant-dernière mode de Paris, des Japonais, des coolies chinois et coréens, des Indous et des représentants de toutes les races européennes.

Ce matin, nous dûmes passer par de longues formalités de la douane et une non moins longue attente afin d'obtenir notre billet sur le transsibérien. Ces choses faites, et installés une dernière fois dans le salon de la « Baltica », je vois par la porte ouverte sur le quai le grand train aux confortables voitures qui nous entraînera ce soir à 7 heures dans notre long voyage de 11 jours.

12 juin.

On m'avait dit qu'on pouvait même écrire dans le transsibérien ; mais je m'aperçois que la chose est plutôt malaisée ; aussi dois-je me borner à quelques brèves notes.

Notre dernier souvenir de Vladivostok est celui d'un douanier qui saisit une canne à épée que

VLADIVOSTOCK. — *Arc de triomphe*

J. de P... avait achetée à Nara, le transport des armes étant interdit en Russie ; cependant, grâce à un monsieur très galonné, on finit par obtenir la restitution de la malheureuse canne.

C'est à dos de Coréens que s'effectua le transport des bagages à la gare. Les wagons sont spacieux, et nous pouvons prendre avec nous de nombreux colis. Nous avons, de P... et moi, la jouissance d'un compartiment et d'un cabinet de toilette en commun avec les habitants du compartiment voisin ; les deux couchettes, au lieu d'être superposées, sont à angle droit ; j'ai passé dans la mienne une excellente nuit. A 7 heures, le transsibérien s'ébranle, salué par de nombreux curieux amassés sur les quais de la gare et aux passages à niveau ; un train qui part pour un voyage de 11 jours, ce n'est pas banal. Nous sommes nombreux à bord, les trois grands sleeping-cars sont pleins. Pour commencer, on nous sert à dîner dans le wagon-restaurant : les repas sont médiocres et fort chers, un modeste morceau de gruyère se paye 50 kopecks. Nous faisons table commune avec le lieutenant Adam, déjà nommé, en attendant M. Morse que nous devons cueillir au passage à Kharbine ; derrière nous, le ménage de l'amiral Japonais, qui voyage avec sa femme, une servante et un secrétaire ; à mesure que nous approchons d'Europe, le costume japonais de ces dames excitera la curiosité des passants.

Ce matin, nous nous réveillons en pleine steppe ;

nous traversons la Mandchourie et nous n'entrerons définitivement en Russie que demain ; le paysage est fort monotone et la chaleur commence à être intense ; on s'arrête souvent à des petites stations où veille un soldat, baïonnette au canon ; de loin en loin, des blockhaus ; bien qu'en territoire chinois, toute la ligne est gardée militairement par les troupes russes. Notre locomotive se chauffe au bois et son gigantesque tender est rempli d'une véritable montagne de bûches ; tout ce bois est enlevé aux immenses forêts qui couvrent les collines ; près de la ligne du chemin de fer, on voit les effets de ce déboisement ; terrains incultes, souches d'arbres brûlés jusqu'à ras de terre. A chaque instant, nous croisons de vastes trains d'émigrants, composés de wagons de marchandises où l'on a disposé quelques couchettes ; au milieu du wagon, un poêle dont la petite cheminée sort par le toit ; là dedans grouille toute une population : des hommes en veste rouge chaussés de grosses bottes, des enfants aux yeux de faïence sous des cheveux de filasse. Aux arrêts, tout le monde descend, fait sa popote en plein vent ou lave son linge ; ces voyages d'émigrants transportés de Russie jusqu'au fond de la Sibérie, où le Gouvernement russe leur accorde gratuitement des terres, durent parfois plusieurs mois.

13 Juin.

Nous sommes arrivés hier soir à Kharbine, quartier général de l'armée russe pendant la dernière guerre et où se soude avec le transsibérien la ligne du chemin de fer de Mandchourie qui se dirige sur Port-Arthur d'une part, et sur Pékin de l'autre.

Au buffet de Kharbine, nous trouvons avec joie, M. M..., que nous installons dans la cabine retenue pour lui.

Sur le transsibérien. L'amiral Yamamouchi

La ville de Kharbine est, paraît-il, un véritable repaire de malfaiteurs ; pendant l'arrêt, et tandis que nous flânons sur les quais, on ferme à clef les compartiments, ce qui n'empêche pas deux malandrins d'être arrêtés sous nos yeux, pour avoir jeté de trop près des regards de convoitise sur les bagages des voyageurs.

A 11 heures, notre train s'ébranle avec sa majestueuse lenteur habituelle ; au réveil, toujours même paysage ; il s'accidente cependant un peu, et nous commençons à grimper le long des collines ; la voie décrit des lacets ; le train passe sous les rails sur lesquels il roulera plus tard ; enfin un long tunnel de plus de 3 kilomètres ; il fait plus frais, nous avons même rencontré quelques flaques de neige ; le temps passe assez vite, grâce aux lectures, conversations, jeux de patience, etc...

14 Juin.

L'événement de la journée a été l'entrée définitive en Russie ; à la station frontière de Mandchourie, nous sommes restés de minuit à 3 heures du matin sans pouvoir nous coucher, en attendant le bon plaisir des douaniers ; en fonctionnaires consciencieux, ils nous ont fait tout déballer et ont examiné les moindres objets contenus dans ma malle avec un soin minutieux : mon innocent petit guide japonais a, en particulier, retenu leur attention ; ils l'ont inspecté avec un respect religieux, sans y rien comprendre, naturellement ; mais ici, on a la sainte terreur des livres subversifs, et malheur au douanier qui laisserait entrer dans l'empire des czars un écrit quelque peu révolutionnaire. Dans les couloirs et salles de la sation, il fallait circuler avec précaution pour ne pas écraser les pauvres familles d'émigrants étendues pêle-mêle par terre, étalant leurs misérables haillons, et les enfants leurs petits corps nus. Dans le même ordre d'idées, nous avons rencontré un train de déportés dont plusieurs avaient les fers aux mains et aux pieds ; ce sont, paraît-il, des soldats et marins mutinés, expédiés au fin fond de la Sibérie ; ils ne paraissaient, du reste, pas trop malheureux, vus à travers leurs vitres grillagées, allongés sur leur couchette de bois.

Nous venons de croiser un train de la Compagnie des wagons-lits, venant d'Irkoutsk ; dans cette immense solitude déserte, c'est comme en pleine mer la rencontre d'un paquebot ; sans se connaître, on se salue, on s'examine avec intérêt, puis chaque train, dans la steppe, reprend sa course interminable. Le paysage devient plus attrayant et plus accidenté ; les forêts se montrent de nouveau avec des cours d'eau ; dans la plaine immense des troupeaux de bétail et des caravanes de chameaux. Nous atteignons ce soir Tchita, capitale de la Transbaïkalie ; à la gare, de nombreux curieux, des dames en toilettes de ville ; beaucoup d'officiers et le cortège habituel des moujicks aux longues bottes et aux casaques aux vives couleurs.

15 juin.

J'écris pendant un arrêt au bord du lac Baïkal au milieu de bois de sapins, attendant un troisième douanier. Il fait beau, mais beaucoup plus frais et la pluie étant tombée, nous n'avons pas eu à souffrir de la chaleur et de la poussière. Toujours même paysage monotone. Ce matin, vision pittoresque d'un immense camp avec une armée de tentes blanches s'étendant sur la lisière d'une forêt ; plus loin les restes d'un déraillement : une locomotive aux fers tordus couchée à côté de la voie. Nous apercevons enfin l'immense mer intérieure qu'est le lac Baïkal et que la voie ferrée côtoie pendant deux heures avant d'atteindre Irkoutsk ; sur la ligne, bordant l'autre côté du lac, nous venons d'avoir un merveilleux coucher de soleil.

Rencontré à une station un groupe de « Bouriats », représentants de ces peuplades nomades qui ont la particularité de posséder des Bouddhas vivants. Lorsqu'un enfant présente certaines particularités on décrète qu'il est une réincarnation de Bouddha, et on le vénère à l'égal d'un Dieu.

16 juin.

Nous avons accompli ce matin la première moitié de notre long voyage. En arrivant à Irkoutsk, nous avons dû changer de train ; décidément, l'installation des gares en Sibérie est encore primitive et l'organisation laisse fortement à désirer. Je n'ai pu apercevoir de la ville, de l'autre côté de l'Angara, que les temples multiples et les immenses casernes qui se construisent ; il y a là, paraît-il, une garnison de 50 mille hommes ; est-ce pour préparer la revanche? Notre train est encore plus bondé qu'auparavant; la contrée est de nouveau très boisée ou couverte de prairies aux fleurs d'un or éclatant. Toujours d'interminables trains d'émigrants ; c'est à croire que toute la Russie déménage en Sibérie.

18 juin.

Nous voici au septième jour de notre voyage que la monotonie des occupations et des choses déjà vues rend à la longue assez lassant. Toujours le même paysage ; les stations sont absolument identiques les unes aux autres. Nous avons traversé hier soir l'Iénisséi, fleuve majestueux, bordé d'un côté par de hautes falaises, sur un pont en fer de 1.500 mètres, et atteint Krasnoïarsk qui s'étend dans une vaste plaine sur la rive gauche du fleuve. Les télégrammes qui circulent de main en main nous apprennent que la Douma vient d'être dissoute pour n'avoir pas voulu autoriser des poursuites contre 55 de ses membres. J'observe aux repas, à une table voisine de la nôtre, les faits et gestes de la famille de notre amiral japonais ; la petite servante, dont la tête est ronde comme une pomme et dont les narines s'ouvrent béantes à toutes les eaux du ciel, prend ses repas avec ses maîtres et cela sans la moindre gêne de part et d'autre ; ce matin, l'amiral lui servait une portion d'omelette ; elle la reçut en s'inclinant et en saluant respectueusement ; sauf ces marques de respect, elle semble faire tout à fait partie de la famille.

Ce matin, de petites filles aux pieds nus, la

Sur le Transsibérien. Les marchandes de fleurs

tête couverte d'un fichu aux couleurs voyantes, sont venues à une station nous offrir de magnifiques fleurs des champs ; elles formaient un groupe pittoresque que j'ai photographié.

19 juin.

Changement de temps : pluie continuelle toute la journée; sous ce ciel gris avec la steppe tout autour de soi, on est porté à la mélancolie.

Nous avons passé Omsk et traversé l'Irtych ; aux gares, rencontre de Kirghis, ces demi-tartares demi-mongols, mahométans et polygames, qui vivent une partie de l'année en nomades ; dans les vastes prairies au sol fertile, de nombreux troupeaux de bêtes à cornes.

20 juin.

Aujourd'hui à 10 heures, un petit obélisque de pierre blanche qui, à côté de la voie ferrée, s'élève sur la ligne de partage des eaux de l'Oural, a marqué notre sortie d'Asie et notre entrée dans la vieille Europe ; désormais nous sommes chez nous ; le voyage est terminé ; dans quelques jours à Paris, nous aurons bouclé la boucle qui en cinq mois nous a permis de faire le tour de l'Asie et de parcourir cet Extrême-Orient dont la rénovation, commencée par le Japon, continuée par la Chine, va bouleverser, c'est ma conviction profonde, les conditions politiques, économiques et sociales de notre globe.

Mais il est une autre conviction que je remporte de mon rapide voyage. Au Japon, comme en Chine, comme en Corée, j'ai eu la vision d'une nouvelle ère chrétienne se levant sur le monde, la vision d'un christianisme rajeuni, vivifié, et qui dans ces prodigieuses agglomérations humaines sera le levain puissant et agissant.

FIN

APPENDICE

Une Ecole du Dimanche japonaise

Le dimanche 7 avril, un ricksaw, légère carriole à deux roues en usage dans tout l'Orient, m'emmenait au trot d'un petit japonais râblé, aux jambes nues, à travers toute une partie de l'immense ville de Tokio, jusqu'à l'église du pasteur Kosaki. Ce pasteur, rencontré à l'une des séances de la Conférence des Etudiants chrétiens, m'avait demandé de venir parler aux enfants de son Ecole du dimanche, et j'avais saisi avec empressement cette occasion de faire connaître aux lecteurs du *Journal des Ecoles du Dimanche* un côté de l'activité religieuse au Japon de nature à les intéresser spécialement.

L'église en question, modeste bâtiment en bois, est située sur une hauteur, dans un des quartiers aisés de la capitale, non loin des murs cyclopéens bordés de larges et profonds fossés, qui dérobent à tout œil profane l'immense parc et le palais qu'habite le Mikado.

Une cour, où un superbe magnolia offre l'éclatante blancheur de ses fleurs, m'amène à un petit porche qui abrite une série de minuscules cases en bois, garnies de paires de sandales, les unes en paille tressée, les autres en bois et montées sur deux hauts talons. Ce sont les chaussures des écoliers, laissées comme d'habitude à la porte, afin de ne pas salir les fines nattes brillantes qui couvrent tout le sol et sur lesquelles les petits pieds nus ou abrités dans des chaussettes de calicot blanc glissent sans bruit.

Par privilège spécial et étant donné le beau temps, on me permet de ne pas me déchausser, et je suis accueilli à l'entrée par un laïque qui me donne à voix basse en anglais quelques explications. C'est qu'en effet l'Ecole est déjà commencée. De ma place, au fond de l'église, j'aperçois les têtes aux chevelures uniformément noires de 150 garçons et filles, de 6 à 15 ans, les kimonos des garçons sont tous foncés, ceux des filles offrent des couleurs variées et éclatantes. Le Directeur de l'Ecole, qui n'est pas le pasteur, fait chanter un cantique dont les élèves lisent les paroles sur une grande pancarte blanche clouée devant la chaire. Ces braves petits bonshommes chantent avec plus d'ardeur que de justesse et n'écoutent guère les appels désespérés de l'harmonium manié par la femme du pasteur. Cet harmonium est surmonté d'une immense potiche d'où jaillit un véritable buisson de branches de cerisier aux fleurs roses et blanches. C'est le grand moment des fleurs, la gloire du Japon. Pas une église qui n'ait son bouquet, pas une japonaise qui n'ait quelques-uns de ces délicats et frais pétales coquettement fixés dans l'ébène de sa chevelure que ne dépare jamais l'un de ces ridicules et coûteux objets, connus chez nous sous le nom de chapeaux !

Le cantique terminé, le moniteur général lit un fragment du Nouveau Testament. Il commence par un verset, et les enfants, en chœur, lisent le verset suivant. Puis les groupes se forment et les moniteurs et monitrices font réciter et expliquent la leçon du jour ; celle de la liste internationale. Je constate que ces petits japonais sont aussi remuants que des petits français ; l'un d'eux, pour changer de place, enjambe délibérément un banc, en relevant son petit kimono flottant. Il y a abondance de monitrices, et surtout de moniteurs ; on me signale l'un d'eux, juge à la cour d'appel : d'autres sont des étudiants de l'Université impériale de Tokio ; on n'a aucune peine, paraît-il, à recruter ces moniteurs. Heureuses églises !

Les plus grands élèves, de 15 à 18 ans, forment leurs groupes dans les tribunes de l'église ; il n'y a là ni banc ni chaise, et tout le monde s'assied par terre sur ses talons ; c'est la mode du pays et les japonais trouvent évidemment cette posture beaucoup plus confortable que celle à laquelle les condamnent nos sièges européens.

Le pasteur arrive en ce moment, et il me mène dans une pièce de sa maison où se tient la petite école. On interroge les enfants sur la fuite de Jacob. Ils semblent répondre avec à propos aux questions qu'on leur pose.

Dans une pièce voisine, que ferment des écrans glissant sur des coulisses et tapissés de feuilles de papier de riz, quelques membres de l'Eglise, des deux sexes, sont assis en rond sur le sol ; c'est une réunion de prières précédant le service qui a lieu immédiatement après l'Ecole du Dimanche.

Les groupes sont terminés ; les enfants reprennent leur place, et en mauvais anglais traduit en japonais, je leur apporte les salutations des Ecoles du Dimanche de France, où on lit la même Bible, où on étudie les mêmes sujets, où l'on apprend à connaître le même Sauveur. Puis tout ce petit monde se disperse ; chacun va reprendre ses sandales, et, dans le gai soleil, je vois s'enfuir la troupe bariolée.

Tout en me reconduisant, le pasteur Kosaki me donne des renseignements intéressants sur son église. C'est une communauté congrégationaliste qui se recrute dans la classe aisée : fonctionnaires, employés d'administration, avocats, ingénieurs. L'un des membres de l'église est la femme du Maréchal Oyama, l'un des grands chefs de l'armée.

L'église se suffit entièrement à elle-même. Elle possède son temple. Nous sommes exclusivement japonais, me répète à plusieurs reprises mon interlocuteur ; on voit que ce point lui tient très à cœur, et qu'il considère comme un grand progrès le fait qu'on n'a plus recours à l'aide des missionnaires étrangers. Il me raconte aussi que les Eglises congrégationalistes du Japon viennent de fonder une société de Mission intérieure exclusivement japonaise, et que son église donne à cette mission une souscription annuelle de 2.900 yen (environ 7.500 fr.).

Ces faits montrent la vitalité du protestantisme japonais et sa puissance d'expansion. Et il ne s'agit pas d'un exemple isolé. J'ai visité plusieurs églises au Japon, j'ai causé avec nombre de pasteurs indigènes : partout c'est la même note.

La propagation du christianisme évangélique dans cet étonnant pays, où il n'est guère connu depuis plus d'un demi-siècle, est de moins en moins l'œuvre des Missions étrangères, pour devenir celle des chrétiens japonais eux-mêmes.

TABLE DES MATIÈRES

CAHORS, IMPRIMERIE A. COUESLANT. — 11.328

www.ingramcontent.com/pod-product-compliance
Ingram Content Group UK Ltd.
Pitfield, Milton Keynes, MK11 3LW, UK
UKHW012159240726
13966UKWH00002B/450